曾莉 著　绘月工坊 绘

新手养猫指导手册

从读懂猫咪心理到温暖相伴一生

（指导手册）

人民邮电出版社

北　京

图书在版编目（CIP）数据

新手养猫指导手册 ：从读懂猫咪心理到温暖相伴一生 / 曾莉著 ；绘月工坊绘. -- 北京 ：人民邮电出版社，2022.5

ISBN 978-7-115-58100-6

Ⅰ．①新… Ⅱ．①曾… ②绘… Ⅲ．①猫—驯养—手册 Ⅳ．①S829.3-62

中国版本图书馆CIP数据核字(2021)第247894号

内 容 提 要

看到这本书的你，可能已经下定决心要成为一名"猫奴"了，那你是否已经做好充足的知识储备了呢，是否知道怎样和猫咪和谐快乐地相处呢？

本书由互联网知名的动物福利公益机构幸运土猫的创始人曾莉编写。20年间，幸运土猫帮助超过4000只流浪猫进入新家，将所积累的猫咪养护经验都汇总在了这本书里！本书共8章，分别介绍了：领养猫咪之前你需要明白的事情；带猫咪进家前和进家后的注意事项；猫咪之间的相处方式；我们需要为猫咪准备哪些生活物品；如何科学地喂养猫咪；了解猫咪的日常行为；如何判断猫咪是否健康及常见疾病的处理方式；最后，作者回答一些困扰很多养猫人的问题。

本书结构清晰、讲解系统、语言生动有趣，适合养猫新手阅读，愿这本书能带领每一位"养猫小白"成功晋级为一位"优秀的铲屎官"！

◆ 著　　　　曾　莉

　　绘　　　　绘月工坊

　　责任编辑　宋　倩

　　责任印制　周昇亮

◆ 人民邮电出版社出版发行　　北京市丰台区成寿寺路 11 号

　　邮编　100164　　电子邮件　315@ptpress.com.cn

　　网址　https://www.ptpress.com.cn

　　北京捷迅佳彩印刷有限公司印刷

◆ 开本：690×970　1/16

　　印张：8　　　　　　　　　　　2022 年 5 月第 1 版

　　字数：204 千字　　　　　　　2025 年 5 月北京第 10 次印刷

定价：59.80 元

读者服务热线：(010)81055296　印装质量热线：(010)81055316
反盗版热线：(010)81055315

我和曾莉女士相识于2001年她创立北京幸运土猫团队的时候，在后来20多年的时间里，我们也一直是好朋友、好工作伙伴。2012年，亚洲动物基金和曾莉女士共同撰写了流浪猫捕捉/绝育/放归（TNR）项目的指南，联手对中国56个小组中的334名志愿者进行了全面的TNR培训。这本具有开创性的TNR指南至今仍在使用，让数百个动物保护团队和数千名志愿者了解到在中国推动TNR的好处。曾莉女士和北京幸运土猫团队围绕中国流浪猫TNR项目的开发和推广所产生的重要影响令人钦佩。

现在，《新手养猫指导手册 从读懂猫咪心理到温暖相伴一生》这本书提炼了"猫语者"曾莉女士20多年动物福利工作以及与数千只猫打交道后独特而丰富的经验。这本书将帮助新手"猫主"成为更自信的"猫奴"，也能为有经验的"猫奴"们提供更加独特而有用的小知识。这本书的文字生动有趣，展现了曾莉女士和她经验丰富的团队如何专业且友善地与爱猫人士合作，为"猫咪"这一非凡物种在中国的福利和生存造福。

——亚洲动物基金创始人暨首席执行官

祝贺幸运土猫图书的出版！

我家里有一只猫就是从幸运土猫领养的，并因此认识了幸运土猫的创始人曾莉。我也是在那个时候阅读了这本书的草稿版，获益颇多。领养小猫的时候，曾莉和我说"要以猫喜欢的方式去爱它们"。在我跟猫一起生活的这几年来，这种方式给我和我的猫咪们都带来了极大的幸福。这本书的核心就是帮助人们理解猫咪，并以它们喜欢的方式去爱它们。

祝愿更多的主人和猫咪都可以获得更幸福的生活！

——简单心理联合创始人、BLOW YOUR MIND播客主播 何峰

最早接触到幸运土猫还是在近十年前，当时我在亚洲动物基金会的官网上，看到了由幸运土猫编写的《流浪猫TNR项目指导手册》。这本手册让我认识到，原来国内还有这样一群"从大爱中起飞，从理性中落地"的专业动保人。

后来很幸运地，我在一次动保会议上结识了幸运土猫的创始人——曾莉老师，也走进了幸运土猫的领养中心。这家领养中心的动物福利、科学素养和专业积淀，即便放到宠物行业中，也实属罕

见。最难得的是，幸运土猫每年要送200多只新猫进入领养人的家庭，并为领养人做新猫进家的指导。在这项持续了20多年的工作中，幸运土猫积累了常人难以企及的丰富经验，这些经验对于每一位养猫、爱猫的人来说，都是一座巨大的宝库。

现在，随着这本书的出版，这座宝库的大门已经敞开。希望每一位猫主人、每一位准备养猫的"候补铲屎官"、每一位宠物行业的从业者，都能一起来读一读这本书。相信这本书会让大家从猫的视角出发，了解到猫各方面的需求，从而能够更好地养育猫，服务猫。

养猫，请从懂猫做起。

——维尔福宠物课堂创始人、动保人　靳峰

幸运土猫，一个超过二十年的、致力于流浪猫救助与领养的志愿者团队。在流浪猫救助与领养这一领域，幸运土猫积累了丰富的经验，救助与领养的速度快、质量高，严谨正规，专业性极强！这背后是对生命绵绵不绝的爱和坚韧的做事态度。

每次看到那些能进入幸运土猫等待被领养的猫咪，我都替它们感到幸运！因为我知道它们即将迎来良好的生活、正确的训练并最终进入一个温暖的家庭。我信任幸运土猫！

养猫听幸运土猫的，准没错儿！

——主持人、"它基金"理事长　张越

从初识幸运土猫到现在已13年有余，我也曾多次拜访、参观幸运土猫的领养中心，每次去都颇有心得和启发。曾莉和幸运土猫的其他工作人员能常年与猫为伍，接触的大多是身染伤病或比寻常宠物猫咪更加敏感、羞涩的流浪猫咪，为"TA"们付出了极大的耐心和关爱，这非常值得敬佩！最难能可贵的是他们在做公益救助的道路上，还不断钻研和学习猫咪的动物福利、猫行为学、宠物营养学等方面的知识，结合与被救助猫咪的相处之道及日常护理的实战经验，持续输出科普知识，影响更多的爱猫人士。我也在这里见证了一个个"养猫小白"向"合格的铲屎官"蜕变的过程。愿看到此书的你，也能找到正确的爱猫捷径。

——猫行为治疗师　张莉

在养猫之前，我们就能预见猫咪会带给我们的快乐。但是猫咪是怎样的动物？它们有着怎样的需求？会给我们的生活带来哪些变化？为了它们能安全和健康地生活，我们需要学习什么？为了和猫咪更好地相处，我们需要了解什么？对它们付出什么？等等。这些是每一个猫主人都应该花些时间好好思考的事情。

猫咪是生命，有着只属于猫咪的生命经历和生活需求。可身为猫咪的主人或者亲密伙伴，我们对它们的了解实在太少了！

我们往往会从对自身的认知角度出发，猜测猫咪的需求。比如，我们每周都要洗澡，所以总会觉得猫咪也需要每周洗澡；比如我们晚上关了灯就要准备睡觉，所以猫咪也应该知道关灯就意味要睡觉了……但对猫咪来说，事实并不是这样的。

还有，在和猫咪的相处中，我们也经常去想象猫咪的情绪，然后草率地做出判断。比如才见面几分钟的猫咪，我们会因为摸不到它而觉得它不喜欢我们，可事实上，这也许是个慢热型的猫咪，就跟慢热型的人一样；我们还会因为喜欢而想去抱抱猫咪，但是猫咪又摆出一副很不耐烦的样子，甚至挣脱跑掉，但这也并不说明猫咪讨厌你，也许它只是相对独立而已……

和我们一样，猫咪也是有生命、有感情的个体。每一只猫咪都有着自己独特的性格、行为特点以及由此而生的各种各样的生活需求。**虽然领养一只猫咪和我们一起生活往往是我们发自内心的一种渴求，但我们要知道，猫咪来到这个家庭，并不只是为了满足我们自己的一些愿望，猫咪的需求也是同等重要的。领养也意味着我们要对猫咪负责，这里的"负责"也不仅仅是从我们的角度出发去爱它、照顾它，更重要的是要从猫咪的角度去了解它独特的生命经历和生活需求。**

因为了解，所以更爱！付出爱，收获爱，享受快乐，承担责任！这应该就是我们和猫咪的幸福生活吧！

目录

第1章

领养之前

是相处，不是相看

第2章

带猫咪进家

抚慰，还是抚慰！

第 3 章

猫咪之间的相处

了解猫咪的小社会

第 4 章

物品篇

不是购买，而是了解

第 5 章

养护篇

好好爱你的猫

第 6 章

行为篇

学习再学习

第7章

健康篇

了解再了解

第8章

杂七杂八

简单道理，简单说

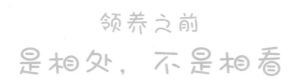

第 1 章

领养之前

是相处，不是相看

选个怎样的猫咪好呢？

长毛猫飘逸，短毛猫利索；花猫灵动，白猫安静，黑猫神气……

虽然很多人在选择猫咪的时候都将猫咪的外貌作为最先考虑的条件，但其实猫咪的性格、行为表现以及和主人之间的互动状况，才是选择猫咪时首先需要考虑的、也是最重要的因素。

俗话说：不管黑猫白猫，抓到老鼠就是好猫！就选猫这件事来说，这句话也可以这么说：不管花猫白猫，长毛短毛，和主人相处融洽的猫咪就是好猫！因为历经岁月后，留在我们心里的不是猫咪的颜色，也不是猫咪的长相，而是那些沉淀在你心底、只属于你和这只猫咪之间的感情——每天早上固定的问候；睡前专属的亲密时光；或是一个轻轻召唤，只有那只猫咪会第一时间出现在你左右……这些和猫咪相处的点点滴滴，是它们留给我们的快乐与美好，这与猫咪的外貌无关，却只关乎我们和它们的相处——相处时间和相处方式。

在"时间"开始之前，"方式"是我们要考虑的最重要的因素。

它接受你的善意表达，你接受它的友好反应，这就是你和它未来融洽相处的良好开端。把握住这些，就把握住了未来属于你和它的快乐生活！

TIPS

🐾 猫咪的性格主要取决于遗传和幼年时的社会化程度，猫妈妈的性格和它们在 3~9 周时与人类相处的状况对它们长大后的性格有很大影响。毛色以及毛的长度和猫咪性格的关系并不大。

🐾 长毛猫和短毛猫都掉毛，掉毛的时间和数量也没有什么差别。不同的是，长毛猫的毛因为长而软，容易漂浮在空中或者在地上滚成团；短毛猫的毛因为短而粗，更容易粘在物体表面。

🐾 相对来说，母猫情绪敏感、细腻，对情感的诉求是主人的关注，需要主人的更多抚慰，像个娇气、爱使小性儿的小闺女；公猫则比较大方和粗线条，对生活的要求是要有领地的占有感，可以自得其乐，像个憨厚的小伙子。当然，也不排除出现完全相反的状况，具体还要和猫咪亲密接触后才能了解。

🐾 成年猫性格稳定，生活习惯良好，不需要太多的教导就可以很好适应新的生活；幼猫活泼可爱，但性格和生活习惯都处在培养阶段，需要主人的细心呵护和引导。

🐾 第一次养猫的新主人最好选择 6 个月以上的猫咪。猫咪已经完成免疫和绝育，身体健康，性格趋于稳定，掌握了与人友好相处的行为模式和基本生活习惯，很容易就可以和新主人建立良好的关系。对主人来说，养猫的快乐也会来得更容易一些。

🐾 同时领养两只猫咪也是个不错的选择。猫咪之间可以相互陪伴，会更快适应新生活，而且也可以避免未来再给猫咪找伴儿时不得不面临的适应问题。

该不该给我的猫咪找个伴儿呢？

这还用问吗？有个简单的道理是：有伴儿的猫咪更快乐！还有个不复杂的推理是：看着快乐的猫咪，你也会开心的！

最后结论就是：猫快乐，你开心，这事儿就完美了！

道理虽然很简单，但几乎每一个"猫妈"在考虑这个问题的时候都会陷入纠结之中。脑海中有一个又一个的问题不断冒出来：猫咪能适应吗？适应不了怎么办？一个猫就已经很折腾了，两个一起会不会更闹？出门的话临时送走一个还好说，两个怎么办？嗯……这些问题确实都可能发生。但是在此之前，先来看看其他一些需要了解的事情吧！

以下是几点容易被忽略的事实：

❶ 猫咪有猫咪的语言，猫咪有猫咪的行为，猫咪还有猫咪的思维方式。无论您和您的猫咪如何亲密，但因为您不能完全听懂它们的语言，不能用它们的行为方式与它们游戏……所以，您能与猫咪达成的有效沟通最多只占猫咪需求的 30%。

❷ 长期孤独生活的猫咪在七八岁后行为和思维会表现出明显的异常。英国有研究表明，这是猫咪老年痴呆症的表现。当猫咪逐渐老去，很多猫主人都说猫咪变得越来越乖，每天的生活就是睡觉——看窗外——睡觉。说得再通俗些，其实就是猫咪越来越呆了……

❸ 有伙伴的猫咪会更加活跃，更加快乐。它们之间的相互照顾也会让主人更为省心。一个孤独长大的猫咪，很容易被看出岁数，因为越老越乖。几只猫咪作伴生活，每天追跑打闹，保持活力就这么简单！

如果增加一个伙伴能让猫咪更快乐，让养猫更简单、更开心，那么还有什么可犹豫的呢？所有的担心都有解决办法，所以重点是：如果你决定了，那就开始准备迎接新的养猫生活吧！

当然了，猫咪的生活取决于你的生活。如果你目前的情况并不适合再接纳一只猫咪，或者家中原有猫咪的健康状况不太能承受与新猫相处的各种适应性问题，也建议你暂缓这个计划。毕竟对猫咪来说，稳定的生活比更多的快乐要重要得多。

TIPS

❀ 两只猫咪的生活费用并不仅是一只猫咪的两倍这么简单。事实上，只需要再多付出大约50%的"MONEY"，就可以享受200%的"HAPPY"了！

❀ 同样的道理，两只猫咪彼此会互相陪伴，你也并不需要花费双倍的精力，就可以得到双倍的快乐。

❀ 当你短期（3天以内）外出时，完全不需要将猫咪送去寄养。两只猫咪相互陪伴，可以安好地度过这个没有"家长"监管的小假期。

❀ 两只猫咪一起生活，会形成一个良性竞争的小氛围，饭更香、水更甜，连"妈"都会要更亲一些呢！哈哈，不相信？那就亲自试试看吧！

❀ 在幸运土猫微信公众号上登出的回访文章里，有好几篇写的都是给猫咪找伴之后的良多感触，欢迎阅读、参考。

该给我的猫咪找个什么样的伙伴呢？

为猫咪选择一个新伙伴，很多人的要求都是：要一只能和我家猫友好相处的乖猫咪。平心而论，这绝对是一个合理的要求。但猫咪们的情况却总是千差万别的，谁和谁会相处融洽？哪一种组合才是最佳选择呢？

简单来说，性别、年龄、性格、体型等都是需要考虑的因素，但就幸运土猫领养中心的实际经验来说这几点都没有一定之规。对于猫咪之间的相处来说，时间、它们彼此的性格，主人的引导和足够的磨合期都是关键的因素。给它们足够的时间和关注以及恰当的引导，大多数猫咪都会欣然接纳新伙伴的。

以下12点建议，仅供参考：

❶ 异性相吸，这个放之四海皆准的道理，对猫咪也同样适用。通常来说，公猫在意的是领地，而母猫则希望得到主人更多的关注。分别满足它们各自的需求，在适应期间就不易发生矛盾，相处就容易得多了。相同性别的猫咪也可以相处融洽，对主人来说，需要注意的是要分别满足猫咪们相似的需求。

❷ 差不多年龄段的猫咪，作息规律较为一致，在一起生活不太会相互干扰，这方面的矛盾不多。但新猫可能会威胁到原住猫的地位感，而幼猫和成年猫的组合，则不大一样——幼猫不会给成年原住猫造成地位上的威胁；但是好动的幼猫（特别是 4 个月以下的幼猫）很可能会"干扰"到喜欢安静的成年猫咪。不过，从另一个角度看，这样的互动会让猫咪活力再现，可以算是一个意外的收获！

❸ 相同性格，尤其是大方、温和的猫咪，相处初期会较为平顺。但是性格不同的猫咪，相处久了，彼此间的互相影响也会给猫咪带来新的改变。需要注意的是，如果有些猫咪性格过于敏感，则在选择伙伴上要谨慎考虑，最好选择性格温和的新猫做伴， 还需要更多地关注原住猫的情绪，直到它愿意接纳新伙伴为止。因为我们最终的目的是为了它们接纳彼此，而不仅仅是让我们自己接纳了一只新猫咪，这很重要！

❹ 体型是猫咪判断对方是否对自己构成威胁的第一因素，其实很多动物都有这样的表现。因此，在给猫咪选择新伙伴的时，可以尽量选择和家中猫咪体型差不多或者较小的猫咪。

猫咪是有着丰富情感的生命，面对陌生的新伙伴时，一定会发生一些适应性的问题，这不可能完全避免。充分了解每一只猫咪的需求，从它们的感受出发，遇到什么问题就解决什么问题，会有助于猫咪们尽快度过适应期，开启快乐加倍的 "二猫"生活。

TIPS

🐾 成年公猫之间和平相处也并非完全不可能，但它们必然需要经历一个确立地位的过程，有时候会给家里带来一些小麻烦（比如为了占地盘而到处尿尿）一旦猫咪们确立并认可了自己在这个猫咪小社会中的位置，它们就会和睦相处了。

🐾 成年母猫之间可能会彼此嫉妒，它们都觉得自己是公主，都需要享受到公主待遇。对主人来说，一碗水端平最重要。

🐾 成年原住猫和新猫，原住猫是老大。幼猫和成年猫的相处，大部分情况下，成年猫会一直占据家中老大的地位。

第 2 章

带猫咪进家
抚慰，还是抚慰！

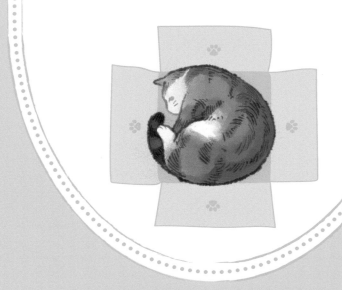

进家前大扫除的准备

猫咪进入新家后会比较好奇，会四处探索家里的边边角角。如果在猫咪进家前没有做大扫除的话，猫咪们会变成"小灰球"。有些主人就会因为猫咪脏而给它们洗澡，但其实这里有一个很大的误区——在猫咪还没有完全适应家庭环境，身体和心理都没有准备好的情况下给猫咪洗澡，很容易让猫咪觉得不安全，对进入新家产生很大的抵触，适应的过程也会变得更加漫长；更为严重的情况则是刚一进家就洗澡也很容易造成猫咪生病。所以在接猫之前有必要给家里来一个大扫除，用一个干净的环境欢迎新来的猫咪吧！

TIPS

❤ 洗澡对大部分猫咪来说是一件非常恐怖的事情，刚进家就洗澡对它们来说无异于遭到了生活的 "暴击"，轻则瑟瑟发抖，重则应激生病，实在是一件得不偿失的事情。

❤ 猫咪是可以自己清洁毛发和身体的，我们需要做的就是清理卫生死角，保持干净的家居环境，这样会对猫咪更友好。

❤ 如果猫咪在适应期就把自己搞得很脏，可以考虑用热毛巾擦擦它的身体或者用梳子梳梳毛发，这样的清洁方式更容易让猫咪接受。

❤ 如果担心猫咪进门会挠沙发或其他家具，可以提前做一些防护措施。比如粗布的沙发套就可以保护沙发。

❤ 如果家里有易碎的珍贵小摆件，担心被猫咪们碰碎，可以收起来或者放在猫咪不能够到的位置。对养猫家庭来说，带门的柜子比不带门的更实用。

如何帮助猫咪更快地熟悉新家？

对我们来说，这个家是我们最熟悉、最放松的地方。但在刚刚来到这里的猫咪眼里，这里是一个陌生的、未知的新环境。作为主人，从猫咪的感受出发去理解它们，会帮助它们更快适应新家。

这里，要先介绍以下几点常识：

① 猫咪不喜欢大而空旷的环境，比如客厅或者较大的卧室。在这样的环境里，它们会觉得紧张。当它们被放到一个比较大的空间时，它们的第一反应就是：尽快找个地方躲起来！

❷ 在相对狭小的空间里，猫咪会更容易建立对环境的安全感，进而建立对新主人的安全感，也能够更快适应新的环境。

❸ 猫咪在新家待过的第一个地方，往往被它们认为是最安全的地方。在彻底熟悉新家前，它们会经常性地回到这个地方去，也会反复从这个地方开始再走出来，继续探索新家，直到它们已经完全熟悉这个家，并找到了更喜欢的地方为止。

学习从猫咪的角度去了解它们感受和需求是每一个猫主人的必修课。

如果你不知道该怎么做，可以尝试换位思考或角色代入：比如可以把猫咪进家想象成我们被单独被带入一个陌生场所，我们的感受如何？又会怎么办呢？结果是显而易见的，我们通常不会选择站在场地中间，而是会先走到某个角落，然后开始逐渐熟悉这里的环境。其实在面对新环境时，猫咪的感受和应对方式与我们几乎没有差别。

所以，越理解猫咪的感受，就越能够给予它们真正需要的帮助。

安排好猫咪的"第一个房间"

带猫咪回家，最好在一个相对狭小、封闭，没有过多可以躲藏之处的房间（比如卧室、书房、干燥的卫生间、关好窗户和门的阳台等）内放出猫咪，并且在这个房间内与猫咪进行最初的交流。

猫咪从包（或者航空箱）里出来后，会贴着房间的墙走一圈。走过之后，基本就会认为这里是安全的（所以，第一个房间一定要小一些哦）。然后你就可以抓紧时间抚慰猫咪，让猫咪尽快和你建立信任。等猫咪在这个房间里自如地走来走去，并且已经喜欢且信任你的时候（最明显的表现就是会主动蹭你或者在你的抚摸下打呼噜，或者是竖着尾巴走来走去），就可以打开门让猫咪开始熟悉整个新家了。你可以走在前面引导猫咪主动走出来，也可以让它自己行动。

要特别注意的是：在这个阶段，一定不能关上猫咪第一次待过的房间的门。那是让它觉得安全的地方，在探索新家的过程中，一旦它们觉得不够安全（比如突然听到电话铃声，突然看到有其他的人等），它们会迅速跑回第一个房间。直到猫咪完全熟悉了新家，并且重新选择了一个地方安然趴下时，第一个房间的使命就光荣完成了。

对于有些胆大勇敢的猫咪来说，整个适应过程可能只需要短短十几分钟，这就完全不需要在第一个房间内放置饭碗和猫厕所。有些胆小敏感的猫咪可能需要一两天才能完全适应新的环境，你可以根据需要在第一个房间内准备猫咪的生活必需品。

此外，再次提醒一下：一定要避免在大而空旷，并且有很多可以躲藏之处的地方放出猫咪，曾经有很多猫咪一到家后就直接钻到客厅的沙发或卧室的床下面，有的甚至好几天都不出来正常活动，让家长们跟着着急啊！

TIPS

❤ 当猫咪用下巴蹭人或者家具、打呼噜、竖着尾巴时，大多都
表示它很放松、满足。

❤ 猫咪非常害怕突然出现大的声响，所以在猫咪适应新家的阶
段要尽量避免惊吓到猫咪。

带猫咪去熟悉一些必要的地方

猫咪离开第一个房间后，最先要给猫咪认识的地方是：猫厕所、放置水和食物的地点。

绝大部分猫咪都会在闻到猫砂的味道后记住厕所的位置。即使它只是闻到就走开了，它也会在需要的时候找到厕所。认识完厕所后，可以把猫咪抱到水和粮食的旁边。同样，它们也会记住这个地方，饿了就会知道来这里吃东西。不要把猫厕所、猫粮碗和水碗放在人走动较多的地方，比如过道，这会影响猫咪进食和如厕。相对安静、不被打扰的房间角落是比较合适的地方。

如果猫咪在进家的头几天需要待在一个房间内，那就不太需要刻意带它们去认识这些地方。在一个房间内，它们是可以找到上述地点的。但如果猫咪在整个家里可以自由活动（包括隔离后逐渐开始自由活动的阶段），那就最好带它们去认识一下，以免因为家的空间太大、太复杂，还没等猫咪找到厕所它就憋不住了——这样一来，受累的可就是你了。

TIPS

❤ 如果你准备的是带有活动门的封闭型猫厕所，建议在最初几天将活动门折下来。因为不是所有的猫咪一开始就会使用活动门，所以最好等猫咪已经彻底熟悉新家，能熟练使用厕所的时候再装上活动门。

❤ 放置猫厕所的位置要稍微远离猫的进食区域。没有人喜欢在厕所门口吃饭，猫咪也一样。

进家后，猫咪老是躲着怎么办？

刚刚来到一个新地方，猫咪在新家的头几天总是要躲起来，这也是正常的。你可以多多抚慰猫咪（比如陪伴或抚摸猫咪、和猫咪轻声说话、用手托起食物喂给猫咪等）。有人的陪伴，猫咪的情绪会很快放松下来，渐渐地就愿意自己走出来了。

如果猫咪总是躲着，但不耽误自己吃喝和上厕所，你也可以不管它，给它充分的自由。它觉得对人和环境的安全感足够了就会自己出来溜达。

但也有一些胆小内向或性格敏感的猫咪需要我们更加主动的鼓励。有些主人担心吓着猫不敢去互动，猫咪因为胆小也不敢主动交流，这让人特别担心。遇到这样的猫咪就需要我们更主动去与它互动，多抚慰、多鼓励、多交流，让猫咪感受到我们的友好与善意，慢慢放松下来接纳新生活。

当年七月姑娘被领养的时候就在新家的床下住了整整一周，每天七月妈妈都要把猫粮和水推到床下的最里头去，还要趴在地上和七月说话，帮助它建立对新家的信赖。头三天，七月只是在上厕所的时候出来一下然后就赶紧回去；后来，可以在晚上出来溜达了；一周后，七月完全恢复了正常的生活；如今，已经是家里最爱的宝贝了。

当时，因为知道七月在新家躲着不出来，七月之前的寄养妈妈还曾经担心到想接七月回家。可七月妈妈说："我既然领养了她，就一定会对她负责的。我会观察她的吃喝，如果有问题，我会带她去医院。我相信她只是不适应，没关系的，我可以等。"七月妈妈的话，不仅感动

了它的寄养妈妈，也带给我持久的感动。猫咪不仅仅是为了满足我们的需求而来到这个家庭的，我们还要了解它、包容它、爱它，对它负责！

小金勺姑娘的进家经历也特别有意思。小金勺的性格有些复杂，外表看起来是胆小敏感，但其实她内心特别渴望与人互动。进家当天她就躲进了衣柜里。头几天，小金勺妈妈担心吓着她，不敢抱她出来，只能隔着衣柜门跟小金勺说话。聊了几天毫无进展，有一天金勺还把"粑粑"拉在衣柜里……再一次咨询领养中心后，小金勺妈妈得知她是只需要去主动互动的猫咪，于是果断把小金勺"请"出了衣柜，抱到沙发上揉了一通，揉了两天金勺就哪儿也不躲了，每天翘着尾巴喵喵叫求关注。

正是小金勺的经历，让我们知道原来猫咪也有被动的性格，需要我们多一些主动，它们也会更有信心开始与我们在一起的新生活。

为什么猫咪吃、喝都很少？

猫咪进入新家后的头几天，一般会表现出两种情绪：紧张或兴奋。胆小内向的猫咪大多表现为紧张，胆大外向的猫咪大多会比较兴奋。这两种情绪都会让猫咪把注意力放在对新环境的观察和适应上，不太顾得上吃饭。所以，猫咪在到新家的头几天有食欲下降的状况很正常，不用担心，一般 2～3 天后就会恢复正常了。

如果猫咪表现得很紧张（食欲肯定也不好），可以多多抚慰猫咪。有了人的陪伴，猫咪的情绪会很快放松下来，食欲也会随之恢复。

此外，你还可以在头几天喂猫咪一些罐头类的食物，罐头香喷喷的味道也会刺激猫咪的食欲，帮助它们尽快恢复到正常状态。

TIPS

❧ 猫科动物很抗饿，在保证供水的前提下，它们可以两天才吃一次东西。

❧ 有些猫咪到新家的头几天会有一定的应激反应，可能会有软便的现象，如果猫咪的精神、食欲都正常就不要紧，通常它们都会自我调节过来。

❧ 如果猫咪超过三天食欲一直很差，而且精神也很沉郁，不太活泼，那就一定要立即就医。因为食欲持续很差可能是生病的表现，再拖下去可能会有更严重的问题。

在猫咪进家的头两周，请密切观察猫咪的健康状况

在新家的适应期内，猫咪会有一定的应激反应，食欲下降就是其中的一种表现。在主人的细心呵护下，这个小问题很快就可以解决。很多时候大家会觉得只要猫咪能正常吃喝，就肯定是没事了，但是这并不是绝对的。

因为应激反应的影响，猫咪的抵抗力会在进家初期有所下降。虽然开始正常生活，但身体里的变化已经发生了。这个时候，猫咪很容易被传染上猫癣或者感冒。因此，即使猫咪吃喝正常，在猫咪进家的头两周内，依然建议大家要密切观察猫咪的健康状况。一旦发现问题，就及时解决，让猫咪健康地生活！

TIPS

🐾 猫癣就是真菌感染，是一种常见的小问题。随着抵抗力的恢复，轻微的猫癣也可能会不治而愈，适当的治疗会让猫咪更快恢复。如需帮助建议及时咨询兽医。

🐾 治疗猫癣建议外部用药，一天一次。频繁用药会破坏猫咪皮肤的自愈能力，结果适得其反。

🐾 在适应期内，猫咪也许会偶尔打个喷嚏。如果食欲正常，精神尚好，就不必过于紧张。随着抵抗力的恢复，这种状况也会逐渐消失；如果症状有加重趋势，则需尽快就医。

猫咪为什么总是在晚上叫？

很多猫"家长"都说，自己家"孩子"刚进家时一到晚上就叫，或缠绵或悲切，自己就是蒙着被子也能被这绕梁三日的喵喵声弄成个黑眼圈。正因如此，每次送走猫咪后，我都时刻准备接受新猫妈的第一个问题：它怎么老是在晚上睡觉的时候叫呢，为什么啊？

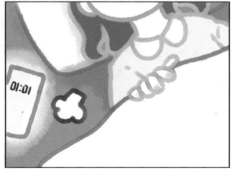

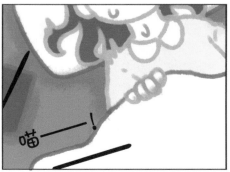

是啊，为什么啊？因为它想念之前熟悉的伙伴和人，因为它想念它之前熟悉的地方。猫咪是有感情的生命体，因为有感情，所以要表达出来。

换个角度来替猫咪想想。科学研究证实，猫咪的智商最多和三岁的儿童接近。当一只猫咪来到一个新家，从我们人的认知上看是给了猫咪一个幸福的未来；但是对于猫咪来说，它的理解仅仅是到被带到一个陌生的新地方。没有了熟悉的猫和人，没有熟悉的味道，这样的事情实在算不上愉快。可是猫咪知道自己别无选择，在被动接受了新家人的关爱后，猫咪的小心眼里还是有一些属于它自己的期待，它觉得只要它呼唤曾经的伙伴，它们就能相见。于是，等到天黑，我们都要睡觉了。猫咪终于有了自己的时间，它开始呼唤它熟悉的朋友，但结果一定是让它失望的……

看到这里，你是不是也有些心酸？如果是，那么请你在这个时候多多抚慰你的猫咪吧。给它几天时间（一般也就 3~5 天），让它表达它的感情。如果可以的话，在它叫的时候多摸摸它，多抱抱它，或者让它进卧室里和你在一起，让它知道在新家一样会有人爱它，很快它就会真正接纳这个家，开始全新的生活！

此外，还有些猫咪会在新家里一边溜达一边叫，尾巴低垂且轻轻摆动，那是猫咪在好奇探索新家时特有的行为。等它完全熟悉了新环境，这样的行为就会消失了。

关于心酸

每次送猫咪走，将猫咪装进航空箱里都是我最难过的时候。因为我无法跟那个紧张的小家伙解释明白，它是去新家，而不是我们要抛弃它。于是我只能给它更多的抚慰，尽可能让它安静下来。付出爱，却惊吓到它，每每都会让我觉得心酸，这也让我不断的思考，如何才能对它们更好一些……

第 3 章

猫咪之间的相处

了解猫咪的小社会

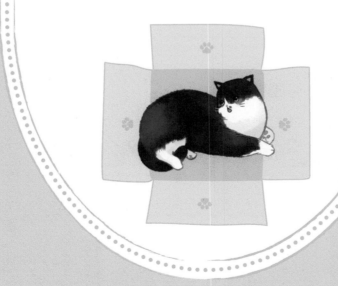

需要给每只猫咪都置办一套饭碗、水碗和猫砂盆吗？

新进家的猫咪可以与其他猫咪共同使用一个水碗，甚至同一个饭碗的。但是在新猫到家的最初几天，为了缓和猫咪间的排斥情绪，还是建议给新猫单独准备饭碗和水碗。

等猫咪们彼此完全接纳了对方，可以选择共用水碗（尺寸要大哦），但饭碗还是建议要分开，毕竟保护食物是很多动物的本能，不要因为这个制造猫咪间的矛盾哦。

新进家的猫咪也可以与其他猫咪共同使用一个猫砂盆。如果多只猫共用一个猫砂盆，建议尽量使用一个大尺寸的。不过，有些猫咪对如厕环境要求很高，会拒绝与其他猫咪共用厕所。所以理想状况下，每个家庭里的猫厕所数量最好是"猫咪数量 +1"。

受居室面积所限，如果不方便在家中放置多个猫厕所，那就需要多增加清理次数，保持猫厕所的清洁，后续可以根据猫咪的如厕反应再做调整。

TIPS

❀ 猫咪的食具要选择底部比较大、比较平的，以防止猫咪在吃饭或者玩耍时将其打翻。

❀ 不要使用塑料食盆，塑料更容易吸收猫粮中的油脂，难以洗净，长此以往积累的脏污难以想象，因此瓷质和金属材质的食具是比较好的选择。

❀ 尽量选择独立的猫粮碗和水碗，那种连在一起的食盆和水盆，看起来比较方便，但实则不然，很容易让食盆中的猫粮被水泡了，造成食物的浪费。食具的开口边尽量选择大一些的，方便猫咪进食，但不要挑盆底很深的，因为这样会让它们进食比较困难。

❀ 可以给每只猫咪单独准备吃罐头用的小碗，用完即洗，方便卫生。

❀ 猫砂盆（猫厕所）的尺寸也尽量选大一些，长度达到猫咪体长的 1.5 倍最为理想，方便猫咪在里面自如转身。

为什么我的猫会排斥新来的猫？

大多数只有一只猫咪主人其实都不太了解猫咪与猫咪之间是怎样相处的。当第一只猫咪来的时候，我们和猫咪的互动就是我们之间相处的全部。猫咪是我们的宝贝，爱它、宠它就是最好的办法，甚至都不需要专门的学习，我们就可以和猫咪融洽相处。在大多数主人的想象中，猫咪之间的相处也应该是这样的吧？

事实上，猫咪与猫咪之间的相处并不像我们想象的那样简单。大多数猫咪在见到陌生猫咪时都表现得不太友好。作为家里的原住猫，不友好的态度则更甚之。新猫咪在完全熟悉新的家庭前也不太可能立即就能与原住猫友好相处。互相哈对方，警惕地盯着对方都是不友好的表现，紧密跟踪还会制造出猫之间更多的芥蒂。相比之下，互不干涉似乎是与猫咪之间适应初期表现出来的最好状况了。

此外，原住猫对新猫的排斥也会通过间接的形式表现出来，主要是对主人表示不满，比如：不再理你，任你怎么唤它都无动于衷；食欲下降，一脸沉郁，甚至还会故意尿床（沙发）来发泄愤怒的情绪。在适应期内，这些状况都会让很多主人感到迷惑，甚至怀疑自己的猫咪是否真的需要一个新的伙伴？

其实，在适应初期，猫咪们表现出来的不友好并不是绝对的排斥。在看到新伙伴的时候，它们担心的是自己的领地被侵占、食物被分享，甚至还有家人的爱也会随着变少……在猫咪看来，这都是不能接受的，必须表明自己的立场！这可以说是动物的本能反应，也是一种非常正常的表现。

新猫进家，我们总觉得是给猫选了一个新伙伴，并预设了家中原住猫的感受，但对原住猫来说，其实是家里突然多一只陌生的猫，这事儿让它有点懵……我们可以再次尝试换位思考或角色代入：比如可以把新猫进家想象成家中突然来了不速之客，我们的感受如何？结果显而易见，我们的本能也是排斥，所以在面对突然出现的陌生猫咪时，原住猫的感受与我们几乎没有差别。

我能做些什么来促进它们之间的关系呢？

我们与猫咪的相处时，通常会给猫咪赋予人的情感因素，从而忽略了猫咪的动物本能。但在猫咪之间的相处中，动物本身的行为和心理特点会表现得更加明显。所以有些猫咪主人会惊讶地发现，原来家里的"小淑女"在见到一只新猫的时候竟然会变成一个"小泼妇"！而且适应期内问题不断，按下葫芦浮起瓢，啥时候是个头儿呢？

可以肯定的是，从幸运土猫多年的领养工作经验来看，猫咪与猫咪之间经过一段时间磨合，大多都可以相处得很好。作为猫咪主人，如果多了解一些关于猫咪行为和心理方面的信息，解决问题就容易多了。

简单地说，在适应期内，最重要的事情就是维护原住猫的地位和情绪，让它们觉得生活没有大的变化。而对新猫来说，在确保了基本的安全感和边界之后，就可以撒手让它自己去"江湖"上闯荡了。

这看似是猫咪与猫咪之间的适应（当然这确实也是），但其实也是对猫咪主人的考验！对猫咪们来说，彼此间的适应就是这样的，这些都是必须经历的事情。但是，作为猫咪主人，你的态度，对帮助猫咪顺利度过适应期也是至关重要的！这不仅需要对猫咪有更多的了解，还需要有更多的耐心。这个简单的要求背后其实有着对猫咪们（原住猫和新猫）深深的爱与责任。

❶ 在新猫进家的最初阶段，很多的主人都会将关注过多地给予新猫，这是非常错误的做法，不仅会让原住猫倍感失落，也会人为造成猫咪之间地位的失衡，从而导致猫咪间的矛盾频发。主人要给予原住猫更多的关注，包括情绪的和物质的。比如：多抱抱，多给好吃的，允许进入特殊房间（卧室）等，这可能会让它开心一些，对新猫的警惕也会渐渐放松。

❷ 不要在原住猫面前对新猫表示亲昵。猫咪可是会嫉妒哦！但是如果有时间，可以要在单独的房间里好好安抚新来的猫咪，让它对这个家，对你产生安全感。

❸ 新猫进入新环境，保持低调是它们一贯的作风。一般来说，它们不太会主动挑衅。所以只要新猫吃喝正常，就不需要太过关注，以免极大提升它们的自信，大到可以挑战原住猫的地位，那可就不好办了。

❹ 原住猫与新猫会根据情况随时调整它们之间的相处方式，直到彼此接纳。在这个过程里，并不太需要进行人为干涉，只要静观其变就好。

❺ 用不了多久，当原住猫发现，虽然来了一个新伙伴，但自己依然备受关注，生活不但没啥变化，还多出了许多乐子，它就会欣然接受这样的新生活。而对新猫来说，老大接受了自己，妈妈也给予了充足的爱，它也会非常享受这个新生活的。

TIPS

❖ 如果在适应期内出现打架场面（这个几率真的很低），要及时隔离猫咪。先让猫咪们彼此熟悉味道后再见面。

❖ 有过与其他猫咪相处经验的猫咪，更容易接纳新的伙伴。

它们会打架吗？

一般来说不会。真正意义上的打架在猫咪群体里面并不常见。就我们的经验来说，除非是两只成年公猫因地位问题水火不容，才会真的打架。弓背、炸毛、低吼，是打架的前兆，出现这种状况就必须要隔离了。

大多数猫咪都不会真打，但是可能会互相有一些肢体动作。不过不用担心，挥挥巴掌、抱头互踹，是猫咪们从小玩到大的游戏，也是它们的社交方式。试探出对方的底线，就知道如何相处了。

在幸运土猫的领养工作中，我们发现很多主人都对猫咪之间看起来不那么友好的相处表示非常担忧，但其实大可不必。换位思考，我们自己每天也会被很多琐事搅乱情绪，也不会时时处于完美的状态中，所以为什么一定要求猫咪有完美的情绪状态呢？其实很多时候，那些也只是一时的情绪，并不意味着会有糟糕的后续，让它流淌过去就好了。

两只猫要多久才能相互适应？

在新猫到来之后、在大家友好相处之前，猫咪与我们、猫咪与猫咪之间都需要经过一个短暂的适应期。适应期的长短因猫而异，也许两三天，也许一两周，甚至也有的要到一两个月之后才能出现我们最初期望那种的亲密接触。

不过对猫咪来说，各自都可以有正常的生活就意味着已经相互适应。对它们来说，这个适应的标准并不是我们期待中的亲密接触，而仅仅是牵扯彼此的注意力，相安无事的陪伴。每只猫都有自己接纳新伙伴的节奏，时间上也许会与主人的预期有所差距，这也是需要我们接受的，所以别着急，让它们慢慢适应。

第4章

物品篇

不是购买，而是了解

需要给猫咪准备什么样的猫粮？

部分猫咪，尤其是 6 个月以下的幼猫，在更换食物的过程中会因消化不良而引发拉稀或呕吐的症状。另外，猫咪到一个新环境，也可能会因为兴奋或紧张而引发肠胃的不适。因此，为了猫咪能顺利地度过在新家的适应期，我们建议最好在猫咪到新家的 1～2 周内提供它已经吃习惯的猫粮。

如果打算给猫咪更换新的种类的猫粮，建议在一周内，用新猫粮逐渐替换之前猫咪已经吃习惯的猫粮。开始可以只放少量新猫粮，然后逐渐增加新猫粮的比例，直到全部替换成新的猫粮。

猫粮的品牌和种类有什么具体要求吗？

市场上各种各样的猫粮，有国产、有进口的，有含谷物的、也有无谷物的。在质量合格的前提下，猫粮不仅方便，而且营养全面，是很好的猫咪食品。

我们常说，猫咪和主人的生活是密不可分的，它们的生活是你给予的，是建立在你的生活保障之上的，选择什么品牌、什么种类的猫粮要根据你的实际情况来定。但同样的，为了它们更加健康，你也需要了解什么样的选择对它们更好。

和正常的商品一样，猫粮也有普及型和专业型的区别。普及型的猫粮在一般超市和市场上都可以买到，专业型的猫粮一般只能在专业渠道（比如宠物店或宠物医院）购买。与普及型的猫粮相比，专业型的猫粮可以对猫咪的健康（尤其是毛发和消化系统）有更好的维护。

如果经济条件允许，还是建议你为猫咪提供高品质的专业型猫粮。有句话是这么说的：在猫粮上省的钱将来都会还给兽医。这话虽然有些武断，但其实也是不无道理的。

TIPS

❤ 同样价位的粮，线上品牌因为节省了渠道费用，往往会比线下品牌的性价比高一些。让你的猫吃好点是最具性价比的健康投资。

❤ 全年龄段（ALL AGE）的猫粮并不适合幼猫和老猫，通常更适合 1~7 岁的成年猫食用。

❤ 更换新品种的猫粮时，可以先购买小包装的，按照 7 天换粮法逐渐替换旧猫粮，在此期间注意观察猫咪的食欲、排便等情况，有问题及时调整。

❤ 无谷并不等于纯肉，实际上，许多无谷猫粮会用土豆代替谷类，所以这些猫粮的碳水含量并不低，有的甚至比有谷猫粮更高。天然猫粮、无谷猫粮等概念往往都是商家营销的噱头，只要营养全面，有谷无谷没什么差别。

❤ 散装猫粮的保质期无从考证，尽量不要购买散装的猫粮给猫咪食用。

要不要给猫咪喂罐头和零食？
喂多少合适？

罐头是大多数猫咪都非常向往的好东西呢！可是在幸运土猫有几个关于罐头的"不要"，大家一定要注意哦。

吃吧吃吧，不够还有噢！

看你这么高兴心情都变好了.

你好像吃的有点多？

❶ 不要以零食罐头为主食。

零食罐头，顾名思义就是主食之外的补充，适口性很好，但综合营养不够，不适合作为猫咪的主粮。

主食罐头是除猫粮外另一个很好的猫咪主粮，目前市面有很多品牌可以选择。如果同时给猫咪提供主食罐头和猫粮，则需要注意控制好总的喂食量。

❷ 不要用罐头拌猫粮或饭喂给猫咪。

有些主人会习惯给猫咪吃用罐头拌过的猫粮，总觉得这样猫咪会吃得很香，就不用担心猫咪的吃饭问题了。其实这样的做法并不正确。罐头的味道对猫咪来说是个很大的诱惑，有罐头的诱惑，猫咪确实会大口大口吃饭，但是往往也会多吃很多。可猫粮进入胃里后会膨胀变大，猫吃得过多很快就会吐出来，长期如此会导致猫咪的习惯性呕吐。

❸ 不要给猫咪直接吃刚从冰箱里取出的罐头。

刚从冰箱里取出的罐头温度太低了，直接喂给猫咪很容易引起肠胃问题。一定要加热放温后再给猫咪吃。

❹ 零食罐头不要天天给，一周提供 1~2 次即可。这样可以保持猫咪对罐头的兴趣，也方便观察猫咪的食欲，万一猫咪生病食欲不佳，还可以用罐头进行鼓励进食（经兽医确认后再给）。

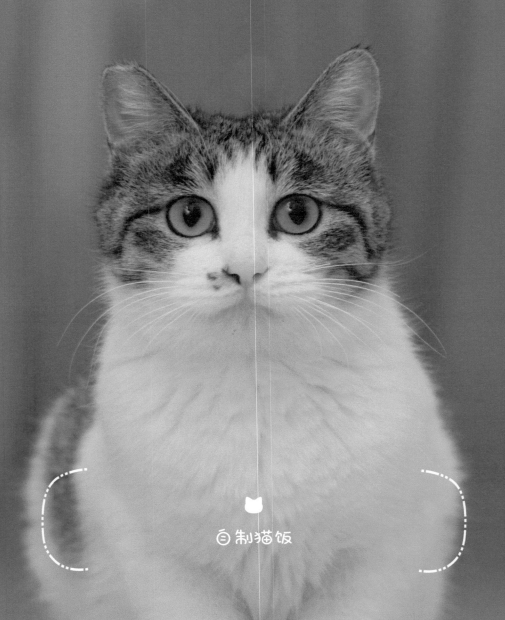

自制猫饭

自制的猫饭适合所有年纪的猫食用，在网络上有很多做法可供参考。需要提醒的是自制猫饭并不是简单提供单一肉类食品，如果要满足猫咪的健康需求，则需格外注意营养的全面和均衡。比起采购猫粮，自制猫饭要复杂得多，制作过程费时费力。如果时间和精力不允许，选购高品质的专业猫粮要方便得多。

TIPS

❀ 很多人喜欢给猫喂鸡肝，其实这是个很大的误区。长期食用肝脏类的食物，猫咪很容易出现维生素 A 中毒，也会导致钙流失使猫咪易患骨质疏松、软骨病，引起各种脏器的病变，比如肾衰竭、糖尿病、心脏病、胰腺炎等。

❀ 千万不要给猫咪吃生鱼和生肉，首先这很容易让猫感染寄生虫，比较容易患肝病以及因肝病引发的肝腹水和肾炎；其次还会导致维生素 B_1 的缺乏，引发痉挛、心脏病和间歇性休克。

❀ 不要给猫喂洋葱，会破坏它们的血红细胞。

❀ 鱼骨、鸡骨也不要给猫咪喂，因为猫不会咀嚼食物而是直接吞咽食物，所以骨头很容易划伤猫咪的胃和食道。

❀ 墨鱼和章鱼，猫咪吞食后不容易消化，也不推荐喂食。

❀ 鲍鱼、海螺等贝类食品有可能会诱发光线过敏症，也可能使猫咪过敏患上皮炎，所以也要避免喂食哦。

❀ 此外也不要喂食刺激性和油腻的食物，比如辣椒、芥末等。

猫薄荷和猫草

猫薄荷是一种荆芥属植物，大约 50% 的猫咪都会对它的气味有兴趣，吸入部分猫薄荷后会让猫咪产生幻觉，会有行为上的暂时性变化，但是这种行为并不会造成任何危害，也不会上瘾。总之，猫薄荷对猫的健康并没有实质性的帮助和危害。

猫薄荷的普遍用法是用于猫咪的玩具，比如填充了猫薄荷的小麻布包和附送猫薄荷粉的猫抓板，这些都能让大部分猫咪玩的很开心。

需要提醒的是每次给猫咪的猫薄荷不能太多，给小拇指盖大小的一撮就可以了。有些猫咪一次"吸食"过多猫薄荷会导致呼吸困难。同样，也不要频繁使用，如果使用次数过于频繁，猫对这种气味就不敏感了，只会舔食，不再有其他的反应了哦。

我们现在说的猫草就是指广义上的猫草，一般都是指禾本植物，并不是特定的哪种草，小麦、大麦、燕麦等都可以，也可以摘外面新鲜的狗尾巴草，当然也可以自己在室内种植。

猫咪食用猫草对身体是非常有益的，可以舒缓肠胃不适、补充维生素、增加植物纤维，最重要的是可以帮助猫咪排出体内毛球，减少毛团积聚哦！有些猫咪非常喜欢吃新鲜的猫草，如果你的猫也是这样，可以多给它种几盆轮换着吃。

猫薄荷   猫草

TIPS

🐾 在外面摘狗尾巴草，不要摘喷洒过杀虫剂的草。

🐾 猫草的种子可以在花卉市场购买，也可以在网络上购买。

需要给猫咪准备什么样的猫砂？

猫咪的如厕习惯非常好，它们对猫砂的味道和颗粒感有天然的记忆。大部分猫咪都不怎么挑剔猫砂，不过确实也有些猫咪对猫砂有特殊的喜好和要求，如果你没有给它提供满意的猫砂，那它可就要让你为你的粗心付出一些小小的代价了。

矿物凝结型猫砂是猫咪接受度最高的猫砂，也是对猫咪最友好的猫砂，几乎所有猫咪都会使用这类型的猫砂。因此矿物凝结型猫砂是猫咪进新家时的首选。

植物材质的猫砂，属于主人友好型猫砂，对家居环境影响小，但并不是所有的猫都能接受。

如果你打算让猫咪换用其他类型的猫砂（比如：豆腐猫砂等植物材质的猫砂），至少也要在猫咪进家后的头两周内提供矿物凝结型猫砂，待猫咪完全适应新家的生活后，再逐渐更换成新的猫砂。换新种类猫砂的时候不要着急，慢慢来，毕竟让固执的猫咪们完全接受一个新东西并不是一件容易的事情。

TIPS

🐾 选猫砂这件事一定要让猫咪做主，猫咪喜欢才是真的好。矿物猫砂基本上是最佳的选择，高品质的矿物猫砂粉尘极低，爪感极好，你和你的猫都会喜欢的。

❀ 也要特别感谢能好好使用植物猫砂的猫咪，在某种意义上说它们愿意为了你去容忍这个猫砂是一件很了不起的事情。

❀ 大部分的猫咪非正常如厕行为都与猫砂材质有关，使用矿物猫砂能最大程度地避免乱拉乱尿。

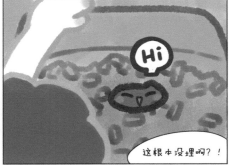

不同种类猫砂的使用区别

从材质上分，目前可以购买到的猫砂主要分为：矿物猫砂和植物猫砂。从使用结果上分，猫砂还可以分为：结团猫砂和不结团的猫砂。结团猫砂，顾名思义，就是猫咪排泄后会形成一个较结实的猫砂团，因此需要每天清理出猫咪的尿团和屎团，以保持剩余猫砂的清洁。因为每天都要将猫砂清理出去一部分，结团猫砂的使用量会比较大一些。一般来说，猫厕所中猫砂的厚度要保持在 10cm 左右，猫咪使用起来会很舒服。

几乎所有的矿物猫砂都是结团猫砂，大部分的豆腐猫砂也是结团猫砂。

水晶猫砂（主要成分是硅胶）、木质猫砂和纸质猫砂都是常见的不结团猫砂。不结团猫砂在使用时会持续保持松散的状态，因为吸水性能比较好，尿液可直接被吸收在猫砂里，因此不需要清理尿液，每天只需要将干燥后的"粑粑"清理出去就可以了。使用不结团的猫砂，配合带有网格的双层猫砂盆效果更好，但总体来说猫咪的使用感受不佳，不建议使用。

需要给猫咪准备怎样的猫厕所？

如果让猫咪回答，我猜想猫咪也许会说：能埋上"粑粑"的地方都可以。纸箱子、低矮的猫砂盆、整理箱、专业的猫砂盆，这些统统都可以当做猫厕所。只要放入足够的猫砂，能轻松埋住"粑粑"，对猫咪来说，这些都差不多。但对于身为猫家长的我们来说，不同种类的猫厕所使用起来可是有着天壤之别。我们虽然不直接使用猫厕所，但每天的清洁和打扫可是少不了的。因此，选择一个合适的猫厕所，对猫咪、对我们都至关重要！

按照这样的标准，最先被淘汰就是纸箱子和低矮的猫砂盆。暂且不论使用中的味道等问题，前者使用久了底部会漏，造成"恶性事件"；后者的话，猫咪在使用中很容易将猫砂刨得到处都是，平白增加了不少清洁工作量，也不可取。

塑料整理箱是个不错的选择——底部足够结实，猫砂不会漏出来；尺寸够大，边缘够高，猫砂不会被刨出来；清洁和消毒也非常容易，而且价格实惠，但缺点是"颜值"不够放在家中不够美观。

带活动门、全封闭的猫砂盆是猫咪如厕的终极装备。优点多多：塑料（或树脂）材质，好清洁；内部空间够高，猫咪进去不会觉得憋屈；边缘全封闭，猫砂几乎不会被带出来；带有一个活动的小门，猫咪进出自如，还能有效遮挡住猫屎味道的散发。有的猫砂盆顶部还有一个放置吸味剂的小舱，放入活性炭后，对味道的吸附效果更好。

猫厕所的选择也是一个消费观念的体现，在这个问题中，最重要是猫咪自身的感受。其实，对一只猫咪来说，幸福的生活并不是全由物质决定；换个角度看，对人来说，也是这样，根据自己的条件，选择合适的，就是最好的！

TIPS

- 🐾 猫厕所要放在家中较为隐蔽的位置，并保持周围良好的通风环境。

- 🐾 不要随意变动猫厕所在家中的位置，以免猫咪因找不到厕所而随处方便。

- 🐾 尽量选择长方形的猫厕所（长度是猫咪身长的1.5倍最好），猫咪似乎很难把握好圆盆的尺寸，将"粑粑"留在盆外的可能比较大。

- 🐾 要每天清理猫砂，至少两次，定期彻底清洁和消毒猫厕所，至少每月一次。

- 🐾 有些猫不会使用带活动门的猫厕所，开始时可以把活动门拆下来或保持打开的状态，等猫咪可以熟练使用猫厕所后再装上活动门。教猫咪使用活动门的方法是让猫咪从猫厕所里面用头顶开门走出来，之后它就会从外面自己顶门进入猫厕所了。

- 🐾 专业的猫厕所柜是更好的选择，市面上有多个品牌可供挑选。内部空间足够大，猫咪的使用感受会更好。

需要给猫咪准备猫窝吗？

很多人在计划将猫咪带入家庭和自己一起生活时，第一个想要为猫咪添置的物品就是猫窝。但事实上，对于一只进入家庭生活的猫咪来说，猫窝并不是它的必需品。

如果你养过猫咪，你可能已经发现了，家中的猫咪对我们待过的地方非常感兴趣，经常和我们抢椅子，固执地趴在被子（枕头）上，我们偶尔忘记挂到衣架上的衣服也是它们最爱趴的地方。这确实给我们带来一点小麻烦，但是同时我们也希望你能够了解到的是：这是猫咪们在用自己的行为告诉你——它有多么依恋你！

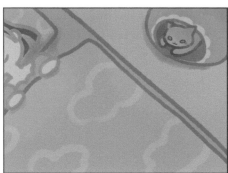
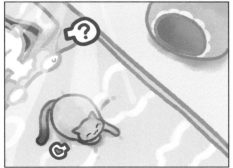

所以，如果你愿意与猫咪分享你的沙发、椅子和床，猫咪就更乐意与你接近，那么猫窝的用处就不大了。尤其是当家中多只猫咪的时候，它们更愿意与你亲近，再亲近一点！

另外再与你分享一个很有用的小经验：为了方便清洁，你可以多准备几块小毯子（天然材质最好，如纯棉的碎布地毯），铺在任何猫咪喜欢待的地方，或者是你希望猫咪待的地方，这样既不影响猫咪们的感受，而且更方便清洗哦！

不过，如果你带回家的新猫咪胆子比较小，或者情绪敏感，还是建议你给它准备一个封闭型的猫窝，以便让它们在需要时可以随时找到安全的地方躲藏起来。

TIPS

🐾 最简单的封闭性猫窝就是一个带进出口的纸箱子，如果只是临时使用完全可以自己做一个。

🐾 市售的猫窝有全封闭、半封闭和不封闭的，可以根据自家猫咪的性格和喜欢选择。

🐾 猫窝要选择可拆洗的，定期清洗，保持卫生。

猫爬架是必须的吗？

猫爬架是一种专为猫咪设计的家具。除了给猫咪提供了一处活动空间外，猫爬架上的麻绳柱子还提供了猫爬架的最大功能——供猫咪磨爪！

猫咪的磨爪设备还有猫抓板、猫抓柱，甚至家里的地毯、地垫、沙发、桌腿……你也可以自行购买麻绳在家里的桌腿上给猫咪缠一个猫抓柱。对猫咪来说，只要是它乐意使用的磨爪设备，对它来说效果和快感都差不多。

猫爬架的另一个好处就是给猫咪提供了一个垂直生活的空间。猫咪喜欢攀爬和跳跃的特性让它很喜欢在垂直空间上活动。除了猫爬架，家里的冰箱、柜子、沙发等也可以构成猫咪生活的垂直空间。所以，你可以根据自己家的实际情况作出合适的选择。

TIPS

🐾 猫爬架要选踏板尺寸相对大一些的，会让猫咪在攀爬和跳跃时更有安全感。

🐾 猫爬架也需要定期清洁，给猫咪们一个干净的生活环境。

🐾 如果家中只有一只猫，猫爬架并不是必须的，也可以通过猫抓板，窗户吊床等增加猫咪生活的丰富度。

需要准备猫包或者航空箱吗？

大部分的猫咪在接触陌生的环境后都会变得特别紧张。所以在猫咪外出时，我们需要提前做一些防护措施，减少它们的紧张情绪并防止它们走失。猫包相对于航空箱来说更便于携带，但是对猫来说舒适性不够，如果只是短途出行，比如带猫去医院，猫包也是可以的。

如果要带猫咪长时间外出，我们一般都会推荐航空箱。在航空箱中，猫咪有更多的自由空间，可以转身、站立，即使是长时间的旅行也没有压迫感。

TIPS

- 带有上开门的航空箱使用起来更方便，特别是带猫咪去医院时，不用把猫咪抱出来就能完成一些基本检查。

- 有些猫咪会排斥航空箱，解决办法是平时就可以把航空箱放在家里当做猫窝使用，增加猫咪对航空箱的适应性。

- 出门前也可以提前几天就把航空箱放在外面让猫咪适应。

- 外出时最好可以为每只猫都准备单独的航空箱。

- 选择猫包出行，最重要的考虑因素是内部空间够大，可以满足猫咪躺卧的需求。如果只能站着或蹲着，对猫来说是很辛苦的。

- 带有透明罩子的猫包会增加猫咪外出时的恐惧感，不建议使用。

需要给猫咪准备玩具吗？

猫咪非常喜欢玩游戏。如果家长有时间，可以陪着它们一起玩；如果家长没时间，那就给它们准备一些小玩具吧，这同样会让它们兴奋不已。让猫咪玩耍既可以解决它们运动不足的问题，缓解紧张，还可以在游戏的过程中跟它们交流，加强彼此间的情感。

TIPS

❧ 猫很喜欢模仿狩猎的游戏。给猫挑选玩具时，要注意玩具是否能做出类似老鼠、昆虫或小鸟的动作。那些时而活动、时而静止、时而上下翻滚、时而又隐蔽起来的玩具，会让猫兴奋不已。它们面对玩具会忘情地追赶，扑上去和玩具嬉戏。

❧ 即使不特意买玩具，身边也有很多东西可以充当猫的玩具，比如一个纸团、一个纸箱子。生活中还有许多小玩具等待你和你的猫咪去发现。

❧ 因为猫会自己寻找家里好玩的东西作为自己的玩具，所以家长要加以注意。例如，猫玩塑料袋可能会导致窒息而死；它们还有可能会把长筒袜、毛线、细绳等吞下去导致肠梗阻等。因此，主人平常不要把这些东西放到猫够得着的地方，要妥善地收拾起来。

❧ 想要让猫尽情玩耍，事先排查室内的危险品是很重要的，尤其需要注意电线。那些有啃咬东西习惯的猫，有可能会在咬电线的时候触电。因此，家长最好提前用塑料的软管将电线套上，或是拔掉没有用的电线。

❧ 不论给猫做什么玩具，都要在猫玩累以后好好藏起来。过那么几天再拿出来哄它，它不会每天见到这个玩具，就会永远保持新奇，保持兴趣。

第 **5** 章

养护篇

好好爱你的猫

猫粮怎么喂

在成长期中，幼猫对营养和能量的需求远远超过成年猫，但胃容量又要小得多，因此应少吃多餐。刚断奶的小猫每天应饲喂 4 ~ 5 次，待六个月大小的时候可以逐渐改为自由进食。因为猫咪一般不会超量进食，能自由进食会让猫咪更有安全感。

TIPS

❀ 猫咪的食物不要过凉或过热，否则很容易引起猫咪的肠胃功能紊乱。

❀ 猫咪吃饭的环境要安静，并且不要频繁更换地方。

❀ 夏天喂猫咪肉类食物时，不要放置太久，避免变质。

❀ 有肥胖问题的猫咪不推荐自由进食，需要通过定时定量、少食多餐的方式帮助它控制体重。

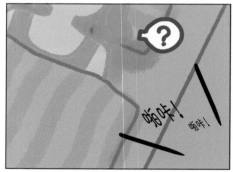

猫咪喝什么水好

猫咪可以一天不吃饭，但是却不能一天不喝水。因此，保持水盆的清洁，每天给予干净卫生的水是最重要的事情。

纯净水、矿泉水、白开水还是自来水，其实都没有太大区别，既然这些水符合人的卫生与饮用标准，猫咪自然也没问题。不过长期来看，饮用纯净水会导致矿物质的缺失，所以不是很推荐；而从卫生的角度来看，白开水则更为理想。

流动的自来水对大部分猫都很有吸引力，这是因为猫咪觉得流动的水最干净。需要注意的是饮水机内部的循环系统容易滋生生物膜，要经常清洁。

好多猫咪特别喜欢喝主人杯子里的水，有出于好奇的，也有觉得主人的水更好喝的。还有些猫喜欢喝洗脚盆甚至马桶里的水，这主要是因为流动的水吸引了猫咪的注意。出于卫生的考虑，养猫之后要记得随手关上马桶盖。

猫咪吐毛球现象

所谓吐毛球，就是猫把它舔进胃里的毛吐出来了。猫咪吐毛球是正常的生理现象，尤其长毛猫吐毛球的几率更加大。大家都知道，猫咪的舌头上长满了密密麻麻的倒刺，除了可以帮助猫咪舔食外，也可以起到清洁、梳理毛发的作用。因此，猫咪的毛发就无法避免地进入了胃肠。大量进入肠胃的猫毛，会在体内结成毛球。这些毛球很难通过消化道排出体外，猫本身也不能消化。于是，猫咪自然就会把毛球吐出来了。

这就是猫咪吐出的毛球（往往呈长条状）

如果猫咪无法将毛球正常吐出，就会导致所谓的毛球症。大量的毛球会阻塞消化道，在肠内变得又大又硬，无法排除。这会让猫咪的精神不振、食欲不佳，严重时还需要通过外科手术来解决。

TIPS

🐾 食用猫草可以让猫咪正常地吐出毛球。

🐾 经常给猫咪梳毛也能减少猫咪体内毛球的形成，而且也能促进您和猫咪的感情哦！一举两得，何乐而不为呢。

🐾 食用化毛膏也可以有效预防猫咪体内毛球的形成。

🐾 目前市面上也有很多去毛球的猫粮，可以在猫咪换毛季的时候使用。

家居环境安全

坚决对放养说"NO"！在室外的环境下，狗、有害的植物以及人类的伤害，甚至猫族群之间的传染病，都可能夺去猫咪的生命，让我们不能保证猫咪的安全。其实说通俗点，我们不会让我们的孩子们在幼小时单独出门，为什么我们就能认为这些智商相当于两三岁的猫咪们能安全地回来呢？所以我们必须保证阳台封闭，门窗安全，在进出的时候也要留意猫咪们的举动，避免他们飞速地离开安全居所。

家居环境中，窗户的安全性非常重要（特别是高层住宅）。有条件的话最好安装金刚网纱窗，或者在窗户上加装一层防护栏。可以在网上买免打孔的猫咪专用窗户护栏，非常方便。

很多家长都喜欢种植一些生机盎然的植物来美化家居环境。不过你们知道吗，有一些漂亮的植物对于猫来说是非常危险的。如果猫咪出现腹泻、呼吸急促、呼吸困难、呕吐、痉挛、昏迷等症状，那它们很可能是吞下了那些它们不该碰的东西，这时请您立刻带猫咪去医院。当然最好带上它可能误食的东西。如果您家里有以下这些植物，请务必将它们放在猫咪触碰不到的地方：百合花、铁线蕨、文珠兰、孤挺花（朱顶红）、沙漠玫瑰、长春花、杜鹃花类、变叶木、绣球花、虞美人、蟹爪花、中国水仙、彩叶芋、黛粉叶类、鸢尾、海芋、风信子、龟背竹、黄金葛、牵牛、圣诞红、万年青、仙客来、飞燕草、倒地铃、龙葵、马缨丹。

在我们的日常生活中，还可能存在一些对猫咪有很大危害的东西。

① 巧克力，它含有能让猫咪中毒的可可碱。

② 老鼠药。

③ 除蚤药物以及某些杀虫剂可能导致猫咪有机磷中毒。

④ 肥料。

⑤ 铅、油漆。

⑥ 樟脑丸。

⑦ 煤油、汽油。

⑧ 某些织物洗净剂、杀菌剂、除草剂以及消毒剂。

以上物品家长们都要注意放在猫咪们不能接触的位置，避免猫咪中毒。

TIPS

🐾 做家居清洁时，可以在水里放点宠物专用清洁剂（具有生物酶降解作用），这样就能够去味且没有伤害哦。

🐾 一旦发生猫咪中毒，请及时就医。

猫咪的短期临时安置

只要做好假期安排，养猫与一场说走就走的旅行一点儿都不冲突。

猫咪的短期临时安置有寄养和上门看护服务两种方式。通常来说，寄养更适合年轻、性格外向的猫咪，它们能很快适应寄养场所的环境，完全不用担心寂寞问题。如果猫咪年纪较大或性格敏感，最好还是留它在家，请人上门照顾，这会让它们觉得更加安全。

寄养和上门看护都是宠物行业的专业工作，除了安全性以外，对猫咪充分的了解和处理各种问题的专业能力也是必需的，建议尽量选择安全度和专业度有保障的机构。

如果请朋友帮忙上门照顾，最好请有养猫经历的朋友。养猫的人对猫咪的生活习惯更熟悉，也会更留意一些对猫安全很重要的小细节，比如迅速关门、通风后尽快关闭窗户等。如果对方没有养过猫，稳妥起见，最好可以提前来与猫接触一下，了解接下来要处理的各项工作，以免发生意外。

如果送猫咪去朋友家寄养，要跟对方详细沟通猫咪的性格、生活习惯等，如果对方家中有其他动物，最好可以给猫咪准备一个独立的、不被打搅的空间，帮助它顺利度过最初几天的适应期。

如果出行不超过三天的话，也可以考虑让猫咪独自在家生活，需要注意以下几点：

❶ 准备好充足的粮食和水，多放几个猫厕所。

❷ 可以在家中放置一个摄像头，随时了解猫咪独自在家的生活情况。

❸ 关闭不希望猫咪进去的房间，比如厨房、卫生间。

❹ 给猫咪留一个带有你气息物件，比如衣服、被子或毯子。

❺ 提前安排好可以进入你家的一个紧急联络人，万一出现意外可以及时处理。

猫咪的免疫

打疫苗是给猫咪的身体里注射一定的病毒样本，使之能够产生抵抗该种病毒的抗体，在遇到这种病毒的时候自身就可以抵抗病毒的危害！这和人接种疫苗的道理是一样的。

有的猫一生也没有打过疫苗，但依然很健康，而且也可以抵抗病毒的侵害，这是为什么呢？

首先，这只猫一定是一岁以上的大猫！绝对不可能是四个月以下的小猫。因为病毒对四个月以下没打过疫苗的小猫具有不可想象的杀伤力！而大猫在它生长的过程中自身就会渐渐适应环境，产生抗体，这和人自身有免疫能力的道理一样。就像同样一种病，比如病毒性感冒等，大人可能几天就抗过去，但对几个月的孩子就比较危险了！

对于刚刚出生的小猫来说，它们的抗体是从母体中得到的。在他们出生的时候，猫妈妈给了它们足够的抗体使它们能够健康成长，就像人的初乳中含有多种新生儿必需的抗体一样。但是由于他们接触环境的时间还短，而且还不能够自己产生抗体，这些抗体在他们两个月，也就是断奶后会逐渐消退，所以在 10 周左右时要及时为他们免疫，帮助他们抵抗病毒性疾病的侵害，这和小孩子出生后几个月也要开始接种疫苗是一样的道理。

对于幼猫来说，注射第一针疫苗并不能起到免疫的作用，它的作用只是在猫咪的身体内产生一个信号，使猫咪自己的免疫系统能够认识、识别病毒。第二针疫苗才能真正地建立起对病毒的免疫防护系统，帮助猫咪抵制病毒的危害！抗体也不是立刻就有的，在接种第二针疫苗后 7 ~ 10 天才真正能有了免疫能力！这就是为什么一定要接种两次疫苗的原因！有的医院会要求幼猫初期免疫连续接种三次，道理也是一样的。

一岁以后的大猫只需要每年接种一次疫苗就可以了。道理和人一样，我们小时候打的预防针不是也比长大后要多得多嘛！

TIPS

❀ 猫三联疫苗,主要预防猫鼻支病毒、猫杯状病毒以及猫瘟病毒。

❀ 一定要去正规动物医院打疫苗。疫苗要求严格的冷链运输, 网购非常不可靠。注射失效疫苗的结果不是立即生病,而是 完全起不到保护作用,一旦出事就是大事。此外,会有非常 少数的猫在免疫后会出现过敏反应,在医院能第一时间解决 问题,避免发生危险。

❀ 幼猫的初次免疫,第一年要连续完成三次接种,每次接种时 间间隔3~4周,之后每年加强免疫一次。成年猫的初次免疫, 第一年要连续完成两次接种,每次接种时间间隔3~4周,之 后每年加强免疫一次。

❀ 疫苗不是万能的,并不能预防所有疾病。你也可以理解为打 疫苗可以有效降低猫咪患上恶性传染疾病的风险,但增强体 质才是健康的王道。

❀ 接种疫苗后,虽然能有一定的保护但当接种疫苗后的猫抵抗 力下降时,如果接触正在患病的猫,也有可能患上传染病。

❀ 注射疫苗后,由于免疫系统开始反应,可能会出现发烧、精 神变差、食欲下降、嗜睡等现象,这些都是正常的反应,通 常1～3天就会自行恢复。

❀ 疫苗注射7天左右后,才能产生一定数量的抗体,为猫提供 一定的保护力。刚接种1～3天的猫,并非处于安全期,疫 苗的作用没有完全体现出来。所以注射疫苗一周内,应该注 意避免洗澡、外出。

猫咪的驱虫

无论猫咪有没有寄生虫，为了保障猫咪和家人的健康，都需要定期为他们驱虫。平常不喂生肉的家养猫咪，半年做一次驱虫就可以了。

猫咪的驱虫分体内驱虫和体外驱虫两种。体外的比较简单，拨开猫咪的毛直接滴在皮肤上就行，体内驱虫可以口服驱虫药，具体用药可咨询兽医。

TIPS

❤ 保证家居环境的卫生可以有效降低猫咪得寄生虫的几率。

❤ 不要随便给猫咪吃人用的驱虫药，因为驱虫药都是有毒性的，人用驱虫药的成分和剂量对猫咪来说都不安全。

❤ 驱虫药的剂量一定要听从医生的建议，如果剂量不对，则会对猫咪产生很大的危害，严重时可能危及它们的生命。

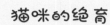

猫咪的绝育

为什么给猫咪绝育，主要有以下三个方面的原因。

❶ 避免盲目繁殖，控制流浪猫数量。

不给猫绝育，猫就会频繁发情。在发情季节，猫咪比平时更容易走失。这些走失的猫咪就成了可怜的流浪猫，因为没有做绝育手术，很容易就会出现流浪猫二代甚至更多代。这些猫咪没有生活保障，很多猫都会在恶劣的自然环境或者人类的伤害下失去年轻的生命。

❷ 减少猫咪疾病的发生。

不给猫绝育也会影响猫的健康，比如公猫出现尿路问题、睾丸癌变；母猫出现乳腺肿瘤、卵巢囊肿、子宫蓄脓等。给猫咪绝育可以降低或避免生殖系统疾病的发生，对内分泌疾病的治疗和控制也有一定的作用。

❸ 避免或减轻发情时的困扰。

让猫咪从因发情引起的紧张、烦躁、食欲下降等困扰中摆脱出来，恢复原来的活泼天性。而且对于公猫来说，也会改掉用乱尿发泄的习惯。有时候猫咪发情不仅困扰了家长，还包括了周围邻居，即使家长不介意，但是也要考虑对他人的影响。

TIPS

🐾 需要确定猫咪健康才能给猫咪做绝育手术。

🐾 手术前需要遵医嘱提前禁食、禁水。

🐾 一般来说，公猫手术后当天就可以恢复。母猫的恢复期大概
　　7 天左右。

🐾 母猫在 3 个月或者体重达到 2 公斤即可做绝育手术，公猫到
　　3~4 个月大、待双侧睾丸都落下后也可以安排绝育手术。

猫咪的洗澡问题

洗？还是不洗？这是个问题！
多久洗一次？这还是个问题！

和猫咪同处一个屋檐下，作为猫咪的主人，我们至少每周都要洗一次澡。可是，这样的卫生习惯却万万不可以直接套用在猫咪身上。猫咪的身体结构与我们不一样，所以即使是清洁身体这样的小事情，猫咪也有着和我们完全不一样的需求哦！

那么，来看看猫咪的真实状况吧！

猫咪的皮肤上有一个特殊的腺体叫作皮脂腺，皮脂腺会分泌出油脂，这些油脂会均匀分布在猫咪的毛发上，形成一个天然的保护层。这个保护层会让猫咪的毛发保持健康、亮泽的状态。有了这个保护层，猫咪在运动时就能把灰尘从自己身上抖下去。再加上晒太阳和舔毛，猫咪自己就可以很好地清洁自己的身体了。这样来看，我们所谓的洗澡其实对猫咪来说并没有必要，因为猫咪可以随时随地享受属于自己的日光浴！

 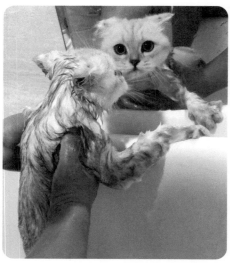

如果你经常（比如一至两周一次）给猫咪洗澡的话，你一定会发现猫咪似乎只有在洗后第一天是干净的，到了第三天，猫咪的毛看起来又很脏。事实确实如此！因为频繁洗澡会破坏猫咪毛发上的保护层，缺少了保护层的毛发会变得粗糙、脆而无光泽，灰尘也会因此更容易附着在毛发上。所以频繁洗澡的猫咪，它的毛看起来反倒不如不经常洗澡的猫干净、透亮。

此外，皮脂腺分泌的油脂对猫咪皮肤也有着不可替代的保护作用。如果经常给猫咪洗澡，碱性浴液对猫咪皮肤的反复刺激会让皮肤弹性下降，还可能成为皮肤疾病（如猫癣、皮炎）的诱因。

不过，并不是绝对不能给猫咪洗澡。由于猫咪是和我们亲密生活在一起的，所以，卫生习惯也需要稍微向我们靠近一些。对于家养猫咪来说，如果要给猫咪洗澡的话，建议 2 ～ 3 个月洗一次就足够了。

TIPS

❤ 毛发状况很健康的猫咪在洗澡时不容易被打湿身体，这就是保护层的效果。

❤ 不要在换季、气温下降时给猫咪洗澡，以免应激着凉。

❤ 尽量不要带猫咪去宠物店洗澡，这会给猫咪带来巨大的压力，甚至会因为应激导致生病。

❤ 猫咪刚进家、未完全适应之前不要洗澡，猫咪生病期间不要洗澡，免疫后一周之内不要洗澡，没有打过疫苗的幼猫最好也不要洗澡。

❤ 洗澡前先给猫咪梳毛，避免猫咪在洗完澡清理时吞入大量毛发。

❤ 给猫咪洗澡的水温要比猫咪的基础体温（38.5°左右）稍微高一些。

❤ 给猫咪洗澡速度要快，快洗快出，尽量减少洗澡给猫咪带来的不适感。

❤ 可以提前打开吹风机，让猫咪适应吹风机的声音。吹风时可以用一块大毛巾盖住猫咪的头部，这样可以减少猫咪的恐惧。

❤ 如果猫咪对吹风非常抗拒，也可以考虑打开取暖设备（浴霸、暖风机等），让猫咪自己清理到完全干透。

❤ 保持家居环境的清洁，经常给猫咪梳毛往往比绞尽脑汁哄着猫咪洗澡更有效。

如何给猫咪称体重

称体重本身是个小事儿，但在把握猫的健康状况上，绝对算得上是件大事。在日常生活中，我们通常可以猫咪的食欲和精神表现对它的健康状况有一定了解。但如果想要对猫咪的状况有更准确的判断，最好的办法就是——定期称体重。

体重数据是猫咪健康状况的直接反映。如果刚开始对猫咪的健康状况不够了解，可以每周或每两周给猫咪称一次体重。猫咪状态比较稳定时可以把称重频率降低，如果猫咪出现健康问题，可以根据需求增加称重次数，随时把握它的健康状况。

从出生到 4 个月是小猫咪用尽全力长肉的阶段，**体重增速极快**，每周都会有明显的增加。

4 个月到一岁，猫咪体重会呈现出稳定上升的趋势，每月的增加都会比较明显。

10 岁以前是猫咪的青壮年期，体重大体上会趋于稳定。

10 岁以后，猫咪步入中老年期，在没有疾病的情况下，**体重会以年为单位，呈现出缓慢下降的趋势**。

这是生命的自然规律，就生命本身来说，健康也就是保持生活状态的稳定。在这一点上，猫咪跟我们没有什么区别。我们**了解得越多，就越不会焦虑**。

TIPS

😺 给猫咪称体重的时候要让猫咪保持稳定。

😺 给猫咪称体重的办法一：先将猫咪放在航空箱里，再把航空箱放在体重称上称重。如果重复使用同一个航空箱可以事先称出箱子的重量。

😺 给猫咪称体重的办法二：买一个婴儿台秤，把猫咪放上去就可以称，非常方便。

😺 猫咪刚进家的头两周，由于换环境应激的缘故，体重可能会有轻微下降。别担心，只要吃喝正常，待完全适应后就会慢慢开始长肉了。

如何给猫咪剪指甲

剪指甲是养猫生活的入门技能，但确实有非常多的猫主人没办法顺利完成这件事。其实剪指甲并不难，重点是我们需要先了解一下猫咪是怎么想的。

猫咪本身并不需要剪指甲，它们通过磨爪蜕掉老化的角质层，露出锋利爪尖……这是一名优秀猎手的自我修养。但在与人类共同生活的居家环境中，锋利的爪尖往往会带来麻烦——比如不小心抓伤人，所以给猫咪剪指甲就成为了猫主人的一个普遍需求。

猫咪并不知道为什么要剪指甲，但每次剪指甲它都要被迫保持一个不太舒服的姿势，它敏感的爪尖还要被人碰来碰去，这感觉真是太不爽了。这个让猫咪觉得不安全的互动是它所不能接受的，如果你还是在它睡觉的时候偷着剪，那就更糟糕了。

我们没办法让猫咪理解剪指甲这件事，但我们可以尝试让猫咪对这件事的接受程度更高一些。换句话说，就和我们在成长中需要学会忍耐和包容一样，学习接受剪指甲这件事，对猫咪来说也是成长的一部分。

平时可以让猫咪用被剪指甲的姿势在你身上待一会，多摸摸它的小爪子，这对它来说也是习惯的过程。实际操中动作越快，猫咪就越容易配合。在给猫咪剪指甲时，它肯定会不断试图挣脱，这是猫咪的正常反应。当它想挣脱时，可以适当松开但不让它离开，等它稍微稳定之后再继续完成就好。

好习惯要从小培养，剪指甲也一样。熟能生巧，你一定可以跟猫咪在剪指甲这件事上握爪言欢。

TIPS

❀ 只能剪掉猫咪指甲尖前面透明的部分。开始可以少剪一点，重要是的让它习惯剪指甲这件事。

❀ 猫咪前爪上靠后的悬指在平时基本用不到，指甲过长可能会扎进肉垫里，造成外伤，所以一定要帮它定期修剪。

❀ 在家居环境里猫后爪的指甲几乎完全磨不到，很容易踹伤人，定期修剪一下会更好。

❀ 结束后要给猫咪一点小奖励，下次剪指甲可能会更顺利。

第6章

行为篇
学习再学习

怎样跟猫咪建立友好关系

刚刚见到猫咪的时候，我们可以先轻声跟猫咪打个招呼，然后保持与猫咪差不多的高度看着它说说话，如果它没有转身就走，那么恭喜你，接下来你可以跟它进一步交流了。

接下来，可以先伸出一根手指给猫咪闻一下，这是让猫咪认识你的好办法，它可能会把脑袋凑过来闻一闻，如果它依然留在原处，那就意味着下面可以尝试再亲密一些的动作了——挠挠下巴、轻抚脑门、摸摸毛、拍拍屁股……这些都是猫咪喜欢的互动方式。这些交流会让猫咪感受到你的友好与善意，也是你与猫咪建立友好关系的基础。当它能在你的抚摸下开心地打起小呼噜，或者竖着尾巴围着你绕时，就说明它已经把你当好朋友了。

在让猫咪熟悉我们并能够与我们友好相处的过程中，最重要的是别强迫它，让猫咪保持在放松的状态下慢慢适应。

另外需要提醒大家的是：我们的期待可能与猫咪的反馈并不在一个节奏上，别着急、慢慢来，给它适应和熟悉你的时间，耐心等待，一定会有惊喜的。

猫咪的磨爪问题

很多猫主人在谈到猫咪磨爪的时候，都会抱怨猫咪到处乱抓，家里的家具都被它抓花了。也有很多朋友在领养猫咪之前都会提出同样的要求：希望猫咪不要乱抓家具。每次听到这样的话，我都会问这些朋友两个问题：

第一个问题是你觉得猫咪可以抓沙发吗？大家都说不可以。第二个问题是你觉得猫咪可以抓地垫吗？大家都说可以。

这实在是一个有趣的回答。其实在猫咪眼中，家里昂贵的皮沙发和地垫没有区别，都是磨爪的地方，有区别的是我们自己内心的物价标准。知道了这个困惑的真正原因，那接下来就来学习如何解决这个问题吧。

我们总觉得猫咪天生就是要乱抓的，其实这是我们对猫咪的不了解。

提个小问题：猫咪爪子上的指甲是往长了长，还是往厚了长？猫咪的爪子是越磨越尖还是是越磨越秃？

答案是：猫咪爪子上的指甲是一层一层增厚的，猫咪通过磨爪可以将指甲外层的钝壳褪掉，露出里面尖锐的爪尖来。 所以猫咪的爪子是越磨越尖的！如果不磨爪，一层层的指甲壳会影响到猫咪的行动，所以磨爪是猫咪的天性。

既然磨爪是猫咪的天性，那我们要做的事情就是引导猫咪在家里选择适合的磨爪地点了。

在带猫咪回家前，要先为猫咪准备好合适的磨爪工具。猫抓板或带磨爪功能的猫爬架都是可以直接购买的专用物品。或者你也可以自行购买麻绳在家里的桌子腿上给猫咪缠一个猫抓柱。你还可以购买几块小地垫放在家里的各个地方，猫咪也会选择在它喜欢的垫子在上面磨爪。

此外，还要定期给猫咪剪指甲。这样一来，即使猫咪偶尔不小心抓了沙发或家具，也不会造成严重后果。

解决猫咪的磨爪问题就像大禹治水一样，一味的禁止和抱怨是没有用的。要了解后给予猫咪恰当的引导，从我们和猫咪的角度做双重努力，才会有好的结果。

T I P S

❀ 猫咪磨爪的时候会将自己的味道留在那里，所以猫咪一旦接受某一个磨爪的地方就会一直去那里磨爪。

❀ 瓦楞纸材质的猫抓板对猫咪来说接受程度相当高，大部分猫咪都会无师自通地去"抓~抓~抓~"，它的价格也很便宜，样式繁多，强烈推荐！

❀ 如果担心猫咪不接受新的磨爪工具，可以使用猫薄荷引诱猫咪使用。

猫咪的教育问题

猫咪是家里不需要上学的孩子。不过千万别羡慕它，它的日子也不容易呢！一天24个小时，见来见去都是几张熟面孔，一年到头，吃来吃去无非是那几种食物。这样的生活，就是学了文化也没啥用（偷笑）。但是，不求"知书"，好歹也混个"达理"不是？所以，教育也是需要重视的。

对猫咪来说，言传身教是没有用的，但你可以试试……吼！

猫咪最害怕的事情就是突然出现的大声响。当猫咪犯错时，第一时间"吼"它一下，还是有些用处的。这样反复教育几次，会让猫咪在潜意识里，把"所做的事情"和"吼"联系起来，下次再想做时会先想到那个可怕的声音，于是就主动放弃了。

这个办法的适用范围很广泛，但是需要注意一定要在事件发生现场第一时间操作，过期无效。还有，千万不要体罚猫咪，不仅没用，还会让猫咪厌恶你！再次培养好感可就没那么容易了。切记！切记！

TIPS

😺 猫咪听不懂你在说什么，但能感知语气的变化。所以如果你不知道"吼"什么，最简单的办法就是大声喊它的名字。

😺 这个办法对小聋猫无效。它们的世界是安静的，可以尝试用快速的动作"威慑"一下。

😺 "教育"过猫咪之后，要给予它适当的安慰。

第7章

健康篇
了解再了解

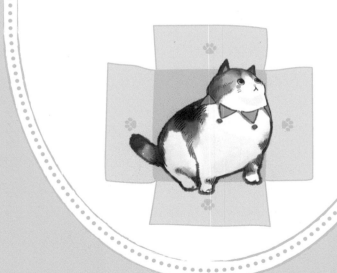

猫咪健康的标准

健康的猫毛色光滑，没有断毛；眼睛清澈明亮；鼻孔清洁干燥，鼻头湿润；食欲旺盛，排泄系统功能正常；心情愉快，走路动作十分优美，行动果断而且沉着冷静。它们经常用舌头修饰自己，有时会高兴得发出呼噜呼噜声。

健康的具体标准如下：

① 体温：不高于 39 度，不低于 38 度。

② 皮毛：没有跳蚤等寄生虫，没有块状的脱毛区，毛根没有皮屑，也没有黑点。

③ 外表：眼睛清澈明亮，睁得大大的（少量的眼屎是正常的），没有第三眼睑出现，不流眼泪，没有睁不开的迹象；鼻头湿润（睡觉和刚醒来的时候除外），鼻孔清洁干燥，不流鼻涕；耳朵直立，耳道内干净，没有任何污垢和深色分泌物，耳朵内皮肤是嫩嫩的粉白色，泛一点点油光，不会经常抓挠或用脚蹬耳部（偶尔为之是正常的）；牙齿洁白，不发黄，没有牙垢，牙龈粉白色，不肿大，不呈红色。

④ 吃喝拉撒：正常，无异状，没有突然的食欲减退或暴增，不拉稀；不尿频。

⑤ 精神：精力充沛，像平时一样玩耍；不发蔫，每天用舌头给自己舔毛，饭后自己用小爪子洗脸。

⑥ 行动：走路、跳跃正常，没有一瘸一拐的现象。

⑦ 体重：保持稳定。

如何判断猫咪是否生病

猫咪是忍耐力特别强的动物，它身体有什么不舒服也不会明确告诉我们，等我们看出猫咪明显生病时，它往往都已经病了好几天了。所以把握猫咪的健康状况基本上就是靠猫主人日常生活中的细心观察。对于与自己朝夕相处的猫咪，它们每天排尿、排便的次数，每天的进食量和喝水量等细节，主人都应了然于心，这样才能随时发现异常，避免猫咪饱受病痛折磨。

把握猫咪的健康状况主要看三个点：食欲、精神和体重。

正常地吃喝拉撒是猫咪的日常，如果它吃喝不多，对日常的食物不感兴趣，食量减少或完全拒食，厕所的"产出"也变少，那就要留意了。

猫咪的日常就是该玩玩、该睡睡，顺便帮你修剪花草、查验快递……如果它老是睡觉，对逗猫棒也提不起兴趣，那也不是个好信号。

体重最重要，但也最容易被大家忽略。猫咪无论是不开心还是生病了，体重都可能会有明显下降，如果发现它体重下降，那就要格外留意了。

其他比较常见到的异常情况有：

❶ 呕吐：猫是比较容易呕吐的动物，比如定期吐毛球。只要吐完之后正常吃喝，一般不会有什么问题。但如果发生持续性呕吐，且呕吐后有明显精神不振、食欲减退等状况，建议尽快就医。

❷ 腹泻：出现腹泻肯定是生病的表现，尤其是接连的腹泻（特别是没有注射过疫苗的猫），建议尽快就医。

❸ 频繁去厕所：可能是尿路感染或尿道结石（特别是公猫），无论是否有尿排出，都建议尽快就医。

❹ 喷嚏或流泪：流眼泪、打喷嚏通常是上呼吸道感染的症状，严重的话会有发黄的浓眼屎和鼻涕，建议带猫咪去医院诊断，对症治疗。

❺ 摇头、抓耳：一般与耳道问题有关，可能是耳螨或者耳道炎症，需要请医生详查。

❻ 流口水：口粘膜溃疡、舌面溃疡、牙龈炎等都可能导致流口水，初期症状是嘴边的毛发黑打绺，严重的话还会影响猫咪的正常进食，建议尽快就医。

❼ 抓挠皮肤：焦虑不安，频频抓挠自身的皮肤，可能是猫咪有跳蚤或感染疥癣、真菌性皮肤病或者其他皮肤问题，建议带猫咪去医生处诊断，对症治疗。

家中常备药品

消炎药：阿莫西林、阿奇霉素

止泻药：妈咪爱、思密达、硫酸庆大霉素注射液

眼药：盐酸金霉素眼药膏、氯霉素眼药水

耳螨：滴耳液

皮肤病、抗真菌：克霉唑软膏

驱虫：体外用福来恩等，体内用吡喹酮等

毛球：去毛膏、化毛膏

猫咪刚进家的猫癣问题

猫癣是一种常见的真菌感染（环境中真菌无处不在），猫癣的发作与猫咪的自身皮肤抵抗力和环境湿度有关。通常来说，身体状况良好的成年猫咪不太容易感染上猫癣。但是当猫咪处在应激状态下（如更换生活环境、情绪紧张等）或是在疾病中，猫癣就会不请自来了。

猫癣多发在猫咪的脸部、躯干、四肢和尾部等处，为圆形或者椭圆形的的癣斑，上面覆有灰色皮屑。清理掉皮屑后，患处的皮肤发红且略高于周围健康的皮肤。感染猫藓后，猫咪的毛会变得粗糙，癣斑部分的被毛会一撮撮脱落或者折断。

对猫咪来说，进家后因为生活环境发生了转变，最初几天就会处于应激状态下，免疫力会下降，皮肤抵抗力也会下降，很容易冒出一两块猫癣来。对刚开始独立生活的幼猫来说，因为它的免疫系统还没完全发育好，换季、换环境对它来说都是"猫生"新体验，于是应激就总是带着猫癣不请自来了。

不过大家也不用过于担心，应激导致的猫癣是一个轻微的病症，绝对不会让猫咪有生命危险；并且应激导致的猫癣几乎没有大面积爆发的可能。全身长猫癣是猫咪处于长期营养不良、极为糟糕的状况下才会发生的事情，别自己吓自己。起猫癣的地方会秃一块，痊愈后会长出新的毛发，差不多一两周，猫咪的盛世美颜就会回来啦！

猫癣是可以传染给其他猫的，也会传染给人，但情况并没有那么糟。不要急着把猫咪从膝盖上推下去。要知道，不管你家里打扫得多干净，真菌还是无处不在的，那为什么平时你和你家原住民猫咪都没有生猫癣呢？毕竟我们和成年健康猫咪的皮肤抵抗力已经很完善了，所以并不需要额外担心，生活上也不用特别注意。

解决猫咪刚进家因应激而起的猫癣问题其实很简单，外涂一些治疗真菌的药膏就可以。我们常用的治疗药物就是药店里都能买到的克霉唑乳膏、酮康唑乳膏等，具体用药也可以咨询医生。每天一次，在患处薄涂一层，一周左右猫咪就能痊愈了。

需要特别提醒大家的是：治疗期间最重要的不是上药，而是让猫咪放松下来，吃好睡好，尽快适应新生活。待告别应激，猫咪自身抵抗力渐渐恢复，猫癣甚至可以自愈。如果反过来，我们非要通过频繁用药缓解自己的焦虑，实际上会破坏猫咪皮肤的自愈能力，对康复并没有什么好处。所以猫主人一定要淡定，不要紧张，更不要让猫咪因为你的焦虑而感受到莫名的压力。

TIPS

❀ 猫咪耳道外侧靠近脑门那里，会有一片正常的毛发稀疏区域，短毛猫更明显，这不是猫癣。

❀ 猫癣患处通常会有明显皮屑增厚的症状且表皮干燥，如果不确定建议咨询医生。

❀ 如果猫咪没有频繁舔咬患处的行为，尽量不要给它戴脖圈。戴脖圈会增加猫咪不适感和焦虑，不利于恢复。相对来说，舔进去的少量药膏并不是大问题，保持猫咪良好的精神状态，更有助于早日康复。

❀ 治疗期间为猫咪补充一些营养品（猫用营养片或营养膏都可以）可以帮助猫咪增加抵抗力，效果更好。

❀ 多晒太阳也有助于早日康复。

❀ 给猫咪上药后记得洗手。万一你被猫传染了猫癣，可以在药店购买治疗皮肤真菌感染的软膏类药物，及时治疗，很快就会痊愈的。

猫咪的保定

保定是猫咪护理中的专用名词，可以理解为让猫咪在一定的状况下保持稳定，以便完成一些必要的护理操作。

保定既是猫咪护理的入门技能，也是猫咪护理的高阶技能。日常生活中，剪指甲、洗澡都需要对猫咪进行必要的保定。在涉及医疗的各个环节中（如耳道上药、检查口腔、喂药、打针、抽血、做 B 超等），对猫咪的保定要求会更高，甚至可能还需要借助工具。

猫咪保定主要分正卧和仰卧两种方式，正卧一般用于喂药、打针，仰卧一般用于剪指甲、处理腹部毛打结等。不过实际操作也会因猫而异，可以在与自己家猫咪的磨合中找到它最配合的方式。

此外，主人温和而坚定的态度也很重要。不要马上就采取过激的操作，要给猫咪一个适应的过程，如果猫咪不配合就让它休息一下，然后抱回来再继续。可以多次反复，但一定要坚持完成，这能增加猫咪的信任和配合度。你要相信你自己，也要相信你的猫。

TIPS

- 各种操作对应的保定姿势不同，平时可以按照需要的保定姿势让猫咪待一会儿，重点是让猫咪逐渐适应和习惯。

- 在保定中猫咪尝试挣脱是正常的，可以挠挠猫咪的脑门和脸颊进行安抚。

- 平时可以用猫粮做喂药保定练习。

- 医疗操作中的保定通常需要两个人配合完成，必要时可以请护士们帮忙。

- 操作结束后要给猫咪一些好吃的作为奖励。

如何带猫咪就医

任猫咪的一生中，除了生病要去医院，小到打疫苗、大到做绝育，还有常规驱虫、定期体检什么的，一年半载去一次，都算正常。所以带猫咪去医院这件事也是猫主人的必修课。

带猫咪去医院之前，要多观察猫咪在家中表现出来的症状，能记录下来更好。许多猫咪到医院后可能因为紧张不会表现出明显症状，可以多拍一些与症状相关的视频和照片，特别是异常的尿液、粪便、呕吐物等，提供给医生参考，记录得越详细，对诊断越有利。

带猫咪去医院，需要准备的物品：

1. 航空箱或猫包。航空箱是最合适的就医工具，足够的内部空间会给猫咪带来更多的安全感和舒适感（可以完全舒展地销下）。如有必要，猫咪甚至可以在航空箱中输液，刚做完手术也可以放在航空箱里等待苏醒。

2. 毛巾或毯子。给猫咪带上它常用的毛巾、毯子，或者是带有主人气味的衣服，可以让猫咪更有安全感。

3. 尿垫。有的猫咪可能会因为紧张在就医时排尿。可以提前在航空箱或猫包中铺好尿垫，另外再带上 2~3 张纸尿垫留著备用，称重或诊断时可能会用上。

4. 疫苗本、之前的就诊记录及体重记录。这些都能直接反应猫咪的健康状况，可为医生提供非常有利的信息，同时规避一些不必要的医疗风险。

动物医疗涉及非常多的专业信息,就诊时要多和医生沟通,有困难就说,不懂就问,遵医嘱做好回家后的护理工作更是猫主人的责任。

另外要提醒大家的是:不建议频繁更换医生。在医患关系中,充分信任,建立长久合作是最重要的,一方面医生能充分了解你的猫,另一方面你还可以从医生这里获取更多有价值的信息,而不只是支付高昂的医疗账单。

TIPS

❤ 一定要去正规的动物医院。

❤ 关于医院和医生的选择,可以向有经验的朋友咨询。

❤ 能够解释病因、病理,教您看懂检验报告,且不让您增加额外焦虑的医生就相当靠谱。

❤ 冬天带猫咪去医院时一定要注意保暖,夏天带猫咪去医院要注意通风,避免中暑。

❤ 可以在就医过程中使用有舒缓作用的信息素喷剂,有助于缓解猫咪紧张的情绪。

第8章

杂七杂八
简单道理，简单说

猫咪为什么不喜欢被抱？

要回答这个问题，依然要从猫咪视角尝试理解它们的感受。

先来从人类视角，看看我们是如何理解拥抱的？

拥抱是我们与亲人、朋友之间非常友好的情感表达。当我们彼此拥抱时，就已经确认了至少两个隐性信息：我们之间关系亲密且双方都乐意拥抱彼此。当然，在一些特定的社交场合里，拥抱可能也会发生在刚认识的朋友之间，这样的拥抱通常意味着未来会有更紧密的联系。

但反过来说，如果面对的是一个陌生人且不确定未来是否会有更紧密的关系时，我们几乎也不大可能在刚见面就彼此拥抱，就……很尴尬，对吧？

再来看看对猫咪来说，它们是怎么理解拥抱的？

猫咪是有着丰富情感的生命，在很多事情上它们的感受其实跟我们差不多。陌生人一上来就抱它会让它非常害怕。被完全抱离地面也会让它非常没有安全感，分分钟想要逃走。非常多的猫咪都不喜欢被人抱在怀里，这不是能让猫感到愉悦的互动方式。

所以，在与猫咪刚见面时，不要一上来就着急地去抱它，这会吓到猫咪，反而会影响你们接下来的相处。但这并不是说猫咪就完全不能接受我们的拥抱。在抱猫之前，要先与猫咪建立亲密的关系，用猫咪喜欢的方式与它互动，当它感受到你的友好和足够的安全感时，猫咪也许就乐意接受你的拥抱了。当然，不排除有些猫咪就是不喜欢被抱，但这并不妨碍我们与猫咪建立友好的关系。用对方愿意的方式爱他，接受对方爱自己的方式——这是爱的法则，你和猫咪之间，同样适用。

T I P S

❤ 越胖的猫咪越不喜欢被抱。

❤ 个性较强的猫咪也不喜欢被抱。

❤ 猫咪对你的感情越深，就越包容你，就越能够被你多抱一会儿。

❤ 抱猫的时候一定要完全托住猫咪的身体，注意不要让它有压迫感，这样会让猫咪觉得更安全。

❤ 不喜欢被抱不等于不喜欢和你亲密接触，它可能更愿意待在你旁边或趴在你身上。

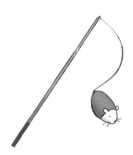

猫咪为什么喜欢咬我的手？

这确实是一个令人头疼的行为。不过有时，造成这个问题的原因恰恰是猫咪的主人。

对于 2 ~ 4 个月的幼猫来说，抓、咬、扑、踹是必须学习的生存技能。在没有合适对象和猎物时，它们会把移动的物体作为练习的目标。如果在这个时候，你又恰巧喜欢用手去逗猫咪，就会给猫咪一种错觉：手是可以扑咬的玩具。这样的印象一旦形成，就不易改变。

还有一些猫咪会在发脾气的时候咬手，通常是在主人强行与它互动时想要逃跑未果，转而咬手反抗。

领养中心也收到过不少相关咨询，通过对多个案例的分析我们发现，年幼时单独进入家庭生活的猫咪出现咬手现象的比例会更高一些，这主要是因为主人在幼猫的行为成长期做了错误的引导。

猫咪小的时候，这样的行为还能算是可爱，可应该没有人会认为一只喜欢咬人手的大猫很可爱吧？这样的猫咪，一旦成为流浪猫，它被再次领养也是个很大的困难。

要改掉猫咪这个坏毛病，首先需要主人的配合，不要再用手逗猫咪。同时，在猫咪咬手的时候教育它一下，坚持一段时间，等到猫咪成年之后，性格逐渐平和，就会好转。

对已经出现咬手问题的猫咪来说，要改掉这个坏毛病，可以尝试以下做法：

1. 陪猫咪玩耍时使用玩具，把猫咪的注意力转到玩具上。

2. 不要强迫它做不喜欢的事情（被抱、揉肚皮等），避免激化猫咪的情绪。

3. 有条件的话给猫咪找个伙伴，猫咪之间的互动对其行为成长、情绪接纳都会有帮助。

4. 在猫咪咬手时及时阻止，但不要过度斥责猫咪。

5. 对猫咪的友好互动给予奖励。

行为问题的纠正通常都需要一段时间才能看到效果，不要着急，慢慢来，一定会有改变的。

被猫咪抓到或咬到怎么办？

与猫咪亲密接触、嬉笑打闹是养猫生活的乐趣所在，一不小心被猫咪挠伤或咬伤也再所难免。日常生活中，处理被猫咪抓到或咬到的问题其实并不复杂，但当我们谈到这个话题的时候，总是会担心另一个问题：我会不会得狂犬病？

有关狂犬病的偏见和谬论流传得非常广泛，这也是造成目前狂犬病疫苗大量滥用的重要原因之一。事实上，在查阅了大量有关狂犬病的官方资料后，我可以负责任地告诉大家：没有携带狂犬病毒的猫咪无论如何都不可能将狂犬病传染给你。可以说，被自家健康的猫咪抓咬破皮后，得狂犬病的概率基本为零。

被自家猫咪抓一下或咬一下，如果没有受伤（出血）的话就不用管，什么事都不会有；不慎被抓伤，用肥皂清洗一下伤口就可以了；被咬伤后更应在意的其实是破伤风和感染，必要时需要去医院检查一下，遵医嘱处理。

如果你实在担心，不打狂犬疫苗心里就不踏实的话，那就去打吧。

猫咪的踩奶行为

猫咪踩奶的行为是从小就形成的，实际上是小猫吸奶时揉搓猫妈妈乳房的动作。这个动作会刺激乳头分泌更多乳汁，充足的食物带来的满足感和猫妈妈柔软温暖的肚子带来的安全感，是"猫生"之初重要而深刻的记忆。

踩奶所带来的幸福感、安全感已在猫咪的脑海中留下了深刻的记忆。所以即便是在断奶后，甚至是成年，猫咪也会持续保持踩奶的行为。在猫咪的心里，踩奶意味着幸福和安全，这也是猫咪心情愉悦的一种表现。

毛茸茸的、柔软的、触感温暖的毛毯是猫咪最喜欢的踩奶对象。柔软的毛毯很像猫妈妈的肚子，更容易让猫咪联想到儿时的回忆。

不过，也不是所有的猫咪都会踩奶，有些人工养大的猫咪就不会出现踩奶的行为，有些高冷的猫咪也从来不踩奶。不踩奶也不是问题，但踩奶绝对是"猫生"的幸福高光时刻，如果你遇到了一只会踩奶而且喜欢踩奶的猫咪，一定要好好呵护它的幸福哦！

TIPS

🐾 猫咪踩奶时，保持安静，不要惊扰到它。

🐾 猫咪踩奶时可以轻轻抚摸它，就像是猫妈妈在舔舐小猫，增加猫咪的幸福感。

🐾 如果猫咪在你的身上踩奶，要及时给它修剪指甲。

怀孕、弓形虫与猫

什么是弓形虫？弓形虫是怎样传染的？

弓形虫病是由一种弓形虫寄生引起的感染，世界各地的弓形虫感染非常普遍。吃未煮熟的肉，特别是猪、羊肉，很容易感染弓形虫。几乎所有哺乳动物和鸟类，如鼠类、猪、羊、牛、家兔、鸡、鸭、鹅等，都可以传染弓形虫，而且感染率很高。人的感染来源主要就是这些动物的肉类，如烹饪肉的温度不够或时间过短，其中的弓形虫没有被杀死，就会有被感染的危险。生肉或切肉案板的污染同样可以引起感染，被污染的羊、牛奶也可以传染。感染的猫粪也是一个重要的传染来源。猫（准确来说是猫科动物）是弓形虫的终宿主，被感染的猫会通过粪便向环境中释放弓形虫卵，一般持续 1 ~ 3 周，这段时间便是传染期。猫粪里的弓形虫卵在外界 1 ~ 5 天 "孵化" 后才有传染性，所以及时处理猫粪非常重要。

正常人感染弓形虫绝大多数没有症状，或者症状很轻，不知道是什么时候感染的，只有少数人初次感染（或称原发性感染）时有发热、淋巴结肿大、头痛、肌肉关节痛和腹痛，几天或数周后随着人体产生免疫力而自愈。但是，有严重免疫缺陷的病人，如艾滋病人等，如果发生感染，后果就很严重。怀孕妇女感染可传染给胎儿，也有可能发生严重后果。

孕妇感染弓形虫可再传染给胎儿，发生先天性感染，可能产生严重后果，所以一定要重视。可是，只有在怀孕前没有感染过弓形虫的孕妇，即在怀孕期间发生初次（原发性）感染才有可能传染给胎儿。如果孕妇在怀孕前感染过弓形虫，那她就不再有传染给胎儿的危险。

以下几点值得注意：

1. 猫虽然是弓形虫的终末宿主，但大多数猫是没有弓形虫的。

2. 猫感染弓形虫后会产生抗体，痊愈后便再也不会感染上弓形虫，这和人得一次水痘后再也不会得水痘是一样的道理。

3. 猫通过粪便排出弓形虫囊合子，人只能通过误食含有弓形虫囊合子的粪便才会感染弓形虫，并无其他感染途径。

4. 通过猫传染弓形虫最重要的前提是猫必须自己有弓形虫，如果猫身上本就没有弓形虫，也不可能把弓形虫传染给你。

如果你对弓形虫有了正确的认识，就一定会明白怀孕和养猫之间并没有尖锐的冲突。平时注意卫生，勤洗手，在怀孕前做好检查（可以去医院做一个弓形虫检测），在孕期把清理猫砂这些工作交给其他人，就可以安享孕期，和猫咪一起迎接小宝宝的到来。

TIPS

🐾 要注意日常卫生，每天清除猫的粪便，接触动物排泄物后要认真洗手。

🐾 注意饮食卫生，肉类要充分煮熟，避免生肉污染熟食。

🐾 猫要养在家里，喂熟食或成品猫粮，不让它们在外捕食。因为猫的感染很大一部分情况下就是因为吃了被感染的老鼠或鸟类，或者吃了被污染的食物。

🐾 除非孕妇血清检查证明已经有过弓形虫感染，否则孕妇怀孕期间要避免亲密接触猫及其粪便。

这么多年来，我一直在做着猫咪领养这件事。从 2001 年幸运土猫成立之初起开始算，有四千多只猫咪从幸运土猫领养中心顺利进家，这样的幸福仍然在以每年两百只左右的数量持续增加。帮助猫咪顺利适应新家生活以及帮助新手猫主人解决在养猫初期的各种问题是我做了二十年的工作。

我特别喜欢跟领养人说的一句话是：养猫即生活。

养猫之后，生活就是有猫的生活，而有猫之后的幸福感其实不在于你给你的猫花了多少钱，更多在于——你有多懂你的猫？

懂得是比喜欢更深沉的爱。一厢情愿的喜欢往往会带来烦恼，建立在懂得之上的爱才是走心的相处之道。如果你可以从猫的感受出发去了解它的需求，喜提"猫咪最爱铲屎官"的荣誉就只是个时间问题了。或者可以这么说，你越能够从猫咪的角度出发去了解它的需求和感受，就越能够与猫咪共享轻松愉悦的生活。

当养猫这件事停留在想象和期待中时，一切都是无限美好。但当一只猫真实出现在你的生活中时，问题也就随之而来了。

猫咪是一定会带来问题的。养猫生活中遇到的问题也都是在猫咪进家后，在你与猫咪相处磨合中才出现的，但这不就真实的生活嘛！生活从来都不会如你预设那样，有猫的生活也一样。遇到什么问题就解决什么问题从来都是最有效的解决之道。

这本书的初稿其实是幸运土猫领养中心随猫咪进家的御用教材，能够有机会出版真是的让我特别开心，这也督促我再一次坐在电脑前，将这几年在领养工作上的心得体会增补进来。希望这本小书可以给刚刚开始养猫的你一些有用的帮助，如果你可以从这本书中收获到与猫相识、相知、相爱的密码，这世界上也因此多了一个开心的猫主人和一只幸福的小猫咪，那就是最棒的事！

最后，谢谢王天放老师一直关注这本书的出版，谢谢人民邮电出版社可爱的编辑老师对我的鼓励，也要谢谢漫画师的精彩配图，又萌又暖的配图一下子就戳中了我的心，我相信你们也一定会喜欢的。

从明天起，做一个有猫的人，

喂猫，铲屎，走进它的世界；

从明天起，关心猫粮和猫砂，

我有一只猫，听它呼噜，春暖花开。

那些
流浪猫
的故事

有猫记｜我家的猫进家后没有适应期——牛妞，欢迎回家！

作者：紫茉莉

牛妞，一只来自天津的小流浪猫，2021年9月从幸运土猫领养中心来到了我家。

说真的，我想这篇文章如果能荣幸地被幸运土猫选中发表的话，怕不是来"拉仇恨"的，因为我家牛妞的适应期——不！到！三！天！

牛妞在领养中心

牛妞是一只很粘人、很活泼的小猫咪，我在领养中心的时候就感觉到了。当时，它住在肥猫屋，打开门就看见它在和你打招呼，还随便让你撸；你走的时候，它还隔着玻璃门与你对视。就这样，牛妞顺利俘虏了全家人的心——周六我们第一次见面，周三它就来到我家了。

刚到家的它也很胆小，对一切都很陌生。一路徘徊后，它选择躲在了冰箱后面，那里不知有多少陈年的积灰忘了擦——明明有已经打扫干净的沙发底，它却不去——这让我有点抓狂又无奈。好在义工走后没多久，它就出来趴到了走廊里。那里比较暗，我把给它准备好的猫窝搬了过去，于是整个白天，它都躲在窝里睡觉，不吃不喝。

牛妞是只很温柔的小猫咪，虽然一开始它也很胆小，但见到人却不躲。它刚来的时候，我们都轻言轻语、尽量不吵它。虽然，到家第一天的白天它没出来，但家里孩子放学回家后，它就从窝里出来喵喵叫，和我在领养中心看见的一模一样。

来到家的第一天，牛妞吃得很少，猫粮只吃了不到10g。最后，我把粮碗和水碗放到了桌子底，那里比较暗，空间也大，它吃饭也会安心一些。

我觉得自己很幸运，第一次养猫就遇到了这么粘人的猫。牛妞和我们家里人互相适应得非常好，以至于它现在太熟悉家里环境了，每天都玩得好"嗨"！

网上有人说猫每天要睡十几个小时，我怎么没觉得呢？整天就看见它在"跑酷"，只要你一出现，就粘着你要一起玩耍。它刚来家里时，听到吸尘器的声音就会吓得钻到沙发底；现在吸尘器都快吸到身上了，它也不动弹，竟让我用吸尘器在地上描了个猫咪轮廓出来……突然有点怀念它刚来家里时白天只知道睡觉，很让人省心的样子了，也许这就是幸福的烦恼吧！

最后，发一下牛妞的大"HOUSE"，这是我家里人亲手制作的哦！

TNR故事｜我的名字：钢琴

作者：半城（南京）

2019年9月25日，我们的故事开始于阳台的初遇。

我从没见过如此特别的流浪猫——燕尾服、小白靴，身侧一道闪电状的白色纹路，玻璃珠一样的眼睛在阳光透出绿、金两色。

彼时，我们没有什么交集，后来才慢慢地熟络起来。

隔着一楼的防盗网，我一下一下地轻弹它背上柔顺的毛发，问："你是小钢琴吗？"

"一只猫有三个不同的名字——亲切的小名、神气的学名和一个只有自己知道的名字。"我突然想起了这句不知何处看来的话，从此，这只猫便在我这里有了名字。

最初的两个月，我认为这只猫肯定是个"可爱的男孩子"。直到深秋的某一天，和它认识了几年的阿姨跟我说："这只猫又怀孕喽！"

"怀孕"一词，就这么横在我们之间近一年半，成了一根扎进我心头的刺。

"这只猫怎么那么胖啊？"

"它怀孕了。"

每次别人问起时，我就看着它日渐鼓起的肚皮，一遍遍无力地复述着这个事实。

在孕期的流浪猫也依旧总是饥寒交迫，饿了去找点食物，下雨了淋淋雨，临产时会找一个自认为安全的角落待一晚。

一只母猫，两个严冬，三段孕期，再加上几窝存活率不明的小猫——一年半就这么过去了。

2021年3月25日，它最后一次生育时，第一个孩子因难产而夭折，顺利活下来的孩子于第二日失踪。在失去了孩子的哺乳期，它涨奶了只能自己去舔，而附近十几只公猫却被陆续吸引过来，争夺繁衍后代的机会……

接下来的一周，我静静地陪着钢琴，我在它脸上只能看到憔悴与难过。

它染上了重病。

2021年4月1日，一个萧瑟的雨天，它第一次将爪子搭到了我的腿上，鼓起勇气在我腿上盘成一团，作为回应，我也轻轻环抱住了它。

听说给猫绝育会让猫记恨人，但活下来比什么都重要，我已经做好了最坏的打算。

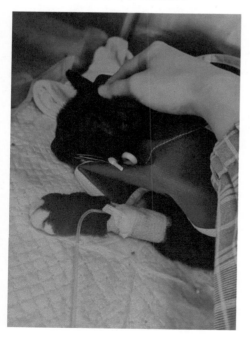

我治好了钢琴后颈因被反复撕咬形成的伤口和发炎的呼吸道后，果断地带着还患有皮肤病的它去了医院。

它已经不年轻了，大病初愈，营养不良，身体轻微脱水。

2021年4月22日，钢琴终于卸下了沉重的生育负担。医生告诉我，手术时发现它已经再次受孕，并且出现了卵巢囊肿等症状。它的最后一次怀孕，离上次生育也不过才半个月，如果没有这场绝育手术，只怕再也见不到它了。

流浪猫的命运就是这么残酷。

将钢琴带回原住地放归后的第二天，我们距离五米，我呼唤起它的名字，它慢慢走向我，将脑袋埋进我的掌心，这是它的问候方式。

一种说不上来的情绪填满了我的内心——它是我的流浪猫了。

"这是母猫吗？"

"是的，不过它已经绝育了，不会再怀孕了。"

现在别人问起它时，我都会下意识地拍拍怀里的钢琴，抚摸它剪了耳标的右耳。

我仍不知道在它心里，它给自己取的名字是什么；但是我知道，每当我呼唤"钢琴"时，它便会向我走来。那时，我们的眼中只有彼此。

写在后面

2021年，钢琴过了它的第八个生日，是只稳重的老猫咪了。在平均寿命三至五年的流浪猫中，钢琴已算长寿。不过，到底还是输给了岁月，它的白发肉眼可见地增多了，并且小病不断。

在尽我所能地给它养老的同时，我也参加了学校的群护组织，策划了不少流浪猫的TNR计划，其中就包括了钢琴的女儿，还有它的孙辈。

希望在接下来的寒冬里，流浪的"小毛孩们"都能够平安。

有猫记｜绵绵的黄咪咪，希望你一直"软绵绵"地生活下去

作者：Darthvictor

绵绵，曾用名"黄咪咪"，2020年10月从幸运土猫领养中心来到我家。

这会儿，这个小家伙还是像10个月前第一天进家门的那晚一样，自在地瘫软在躺椅上，沉沉地睡着。现在是凌晨12点半，按它正常的生物钟，估计1个小时后就又要精神抖擞地起来"蹦迪"。

刚进家的时候，它会半夜在我卧室门口叫个不停；现在，它只会在我关掉客厅灯的时候看着我进屋，瞪大的眼睛在那盏给它留着的工作台灯灯光下显得格外明亮，它知道我们第二天天亮的时候就会再次见面。

看着它特别给大橘争气的身材，我想起绵绵曾经的"猫生"，庆幸自己能给它提供一个至少安逸舒适的生活。这会儿，它刚刚扒拉完我玄关的杂物篮，然后叼着一盒它觊觎了很久的纸巾跑到我脚边，从喉咙里挤出"喵呜喵呜"的声音召唤我。看着它右边那颗断了一截的小虎牙，不知是它之前的流浪岁月中哪次打架、抢食或跌倒留下的印迹。

现在是第二天夜里的12点半，我洗完澡准备把这篇文章写完，正好看见小家伙正四仰八叉地摊在躺椅上，白白的肚皮就这么毫无防备地冲着你，这是喵咪对身处环境完全放松的表现。我上前去摸了摸它的肚皮，它懒懒地睁开眼，看见是我，便眯起眼舔了舔自己的右爪，然后继续"躺平"。

关于把它的名字从"黄咪咪"改为"绵绵"，原因其实很简单——我觉得一只"大橘"名叫

黄咪咪，有点没有特色，在它进家以后第一天，看着它趴着喝水时圆圆的身型和顺滑的长毛，我想不如就叫它"绵绵"吧！

写这段文字的这两天，我会时不时点进幸运土猫的公众号，翻开那几篇它名叫"黄咪咪"时期的文章。现在的它，扒拉家里的东西是因为一只猫天生的好奇心；而以前的它，扒拉人类留在室外的东西则纯粹是为了顽强地活下去。看着它的眼神里已渐渐抹去流浪时的不安，而亲近随和的性格却丝毫未变，我越来越觉得"绵绵"这个名字也是我对自己的期许与要求。

"绵绵的"黄咪咪——希望在我的照顾下，你不仅身型绵软，以后的生活状态也越来越"绵软温柔"。

这个小家伙一直没给我添过什么麻烦，唯一一次能上升到拆家行为的事故，就是今年三月一个周末的早上，我正躺在床上，小家伙刚学会踩着电水壶往冰箱顶上跳，登高俯瞰自己的地盘。结果，它在跳下来的时候正好踩在刚刚烧开水的水壶排气孔处。当时，我躺在床上听到一声闷叫，然后紧接着传来金属物落地的声音。后来，小家伙就用头把我卧室门顶开，跑到床边的角落窝了起来，闷闷地发出干呕声。

当时，我并不知道它右侧腹部被烫伤了，直到下午看到它趴过的地方掉了大片大片的猫毛，右腹开始发红，便马上带它去了附近的宠物医院。之后的几天里，除了上厕所和吃喝，它就这么一动不动地趴在我床上。

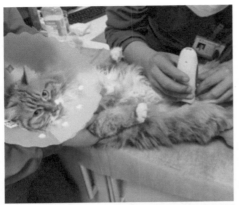

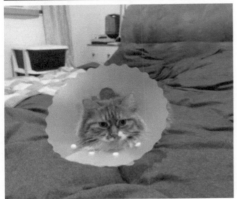

这次受伤，是我跟它相处的一个转折点。

在这之前，我虽然是它的"家长"，但是更多地还是它带给我快乐——我年底忙碌到深夜，顶着北京冬天寒冷的北风回到家，能辨认出我脚步声的小家伙在我开锁进门前，就已经守在门后喵喵叫着迎接我；我没锁卧室门，瘫倒在床的时候，它就会趴在床头或跳到窗台上盯着窗外（据说这是喵咪看你睡着了，守在你身边帮你警戒的表现）。而这次受伤之后，我更多地感受到了它对我的依赖，体会到了照顾一个生命的责任感，我也开始真正感受到"对于猫狗来说，你就是它们的一生"这句话的含义，品尝到了"养育"二字的滋味。

救猫记｜你是人间四月天，值得这世上所有的美好——四月的故事

作者：Krissy果

四月：2021年4月，被救助于某垃圾站旁。

我和四月的相遇发生在四月。

我平时上下班开电动车，会利用午休时间去换电站换电池，换电站旁边是一个垃圾中转站。一天中午，我照常去换电池，突然看到垃圾站旁边出现了一只以前没见过的猫。

我不由地感叹："你长得可真漂亮啊！"

垃圾站对面的地上扔着一组旧猫爬架，它死死地盯着对面的猫爬架，听到我打招呼便后退了几步……我心里一紧，不会是和猫爬架一起被扔出来的家猫吧？

我车里正好有罐头，便喂了它一个，喂的时候发现它很怕人，我便多了一点放心。现在这年头，"不怕人"的猫在外面的下场都不会太好。那天，我因为赶时间，后来就匆匆离开了。

一天中午，我又来换电池，第二次看到了它，换电站的工作人员正围着它喂零食。我看到它小小的身体竟然怀了身孕，如果小猫生出来，我不敢想象它的生活该有多惨……

怎么办？绝育，先绝育了再说。

我当机立断，从后备箱拿出了诱捕笼和转移布袋。为了防止遇到人为阻碍，我和换电站的工作人员说明了详细情况——它现在非常需要去医院，我得带它去做手术、免疫，下周的这

个时间它便可以出院，到时候我会接它回来，再放回这里。这个过程被称为**抓捕、绝育、放归，即TNR**。

因为不太了解它平时的情况，所以我有点担忧。我询问了一下附近是否有人喂猫，工作人员回答没有，它是某一天突然出现在这里的，这些天只能捡垃圾吃。正和工作人员说着话呢，猫就顺利被抓到了，工作人员也同意我将它送去医院。

我连忙给附近医院打了电话，确定了可以给它做终止妊娠的手术，约好了住院笼位和手术时间，拍下了绝育单，便把猫送到了医院并交了押金。

做完这一切只用了四十分钟，因为小猫办理住院手续必须有名字，那时正是四月，而我又非常喜欢漫画《四月是你的谎言》，所以我便给它取名为"四月"，英文名就是"April"！医生向我叮嘱好手术相关事宜后，我就马上赶回公司了。

手术很顺利，四月也没有别的疾病。等我再去医院看它的时候，让我难以置信的是——它变得非常粘人，一头扎在护士小姐姐的怀里，可怜又可爱，像个小宝宝。

我觉得这有点不对呀！我抓它的时候它还很怕人。护士小姐姐说："不要放归它了，我还没见过这么粘人的小猫咪，就喜欢让我抱着，你看四月多乖！"

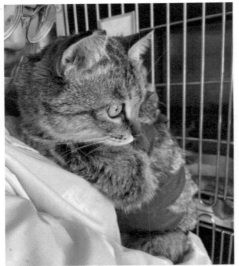

看到四月得意的表情和临走时它在笼子里"隔空踩奶"的样子，我陷入了沉思，这应该是"摊上事儿了"！这件事打乱了我的放归计划，我需要一些时间来评估它是否适合进家，思考怎么做才是更正确的决定。

之后的这几天，我每天都去医院看它——观察它是不是在和我演戏，有没有其他疾病，到抓它的地方找线索，联系所有在换电站轮岗的工作人员。不过，我没找到任何寻猫启事、喂猫痕迹和猫的踪迹，旁边平房区倒是有一伙"狗狗团体"总是大摇大摆地一起行动。回想起第一次见到它的场景和第二次抓它的场景，我隐约感觉到，也许它真的是被遗弃在那里的，找不到吃的只能翻垃圾，还会被狗追……

通过几天的观察，我确定它比我之前救助的猫都更粘人。我家的猫只要被抱一分钟就开始蹬我，而四月被抱一上午也不会反感，看到人就"隔空踩奶"。正因为四月的粘人，它的住院优势也十分了得——护士小姐姐会主动加微信联络我，没事就抱着四月讲故事、看乌龟，带四月从"标间"搬进了"大床房"，出院之后还收到了主治医生的主动慰问。四月简直是人见人夸，非常受欢迎，我也有幸体验了一次"别人家孩子"的待遇。

于是，我把四月的"放归计划"改为了"安置计划"。我联系了最喜欢的寄养小姐姐，等四月出院后便约好时间把它送了过去。寄养给了我充足的时间去计划后面的事情，接下来需要做的就是：按部就班地做免疫和驱虫，去幸运土猫领养中心排队，同时我也做好了"兜底"（因为一些客观因素无法顺利被领养，只能自己收养）的心理建设。

在寄养的这段时间里，四月适应得非常快，中间还经历了一次搬家。被寄养小姐姐给它了五星好评：心很大，一点都不应激，只要有吃的就行！

四月每天除了"踩奶"就是"干饭"，于是从2.9公斤吃到了4.73公斤，变成了一只圆头圆脑的"狸居居"。

这两年我运气不好，救到的猫几乎都没被领养出去（有好几只猫因为疾病问题，我只能自己收养），遇到如此健康的四月，我心怀感激。6月初，我接到了幸运土猫领养中心光荣的通知书，立即就把四月送了过去。

目前，四月已经结束隔离，并在领养中心找到了一起摔跤的好朋友。

故事到这里还没有结束，后面的故事正等待着你的出现。

人与人之间的拥抱是一种治愈心灵的方式，而人与猫之间的拥抱，更可以治愈一切。希望喜欢被人抱的四月能遇到它的有缘人，从此互相治愈、互相安慰、互相陪伴。

■ 幸运土猫的话

每一只优秀小猫咪的背后都有一个优秀的救助人。四月最大的幸运就是遇到了小果。在小果的帮助下，它告别了流浪生活，及时绝育、完成了免疫等基本的健康护理，最后得到了再次拥有幸福的机会。

小果的记述堪称一次完美的流浪猫领养工作记录——不卖惨，更没有贩卖同情，文字饱含深情，而克制的表达也让整篇的记述平实而有力量，于细微处见真章。

在流浪猫救助这件事情上，绝育和领养的界限有时候很难分得特别清楚。通常，新手救助人对流浪猫被救助后的期待都比较模糊，比如看到一只流浪猫就想给它找个家，而且特别着急……这在幸运土猫收到的大量求助信息中，就可以明显感受到。

但其实如果把流浪猫救助工作分级来看，绝育的难度较低，大多数人经过简单培训就可以完成；而领养绝对属于高难度工作，对时间、资源的需求都很大，甚至还会出现因客观问题领养不出去（比如疾病、性格）的风险需要救助人承担。

所以，特别值得大家借鉴的是，在帮助四月的每一个阶段，小果的目标都非常清晰，也有足够的担当。她最初的救助目标是绝育，需要解决周围人的认可和医院的问题，这一部分的处理流程清晰明了。随后，她发现猫咪的性格非常粘人，救助需求也从"绝育"变为"领养"。对救助人来说，"领养"意味着可能会收获最好的结果，但也可能会被迫自己收了这只猫。所以这时候的小果并没有急着做决定，而是先仔细评估了四月的性格，又确认了自己可以兜底后，才决定开始为四月找家。

什么是负责？这就是负责！

在为一只流浪猫提供帮助的过程中，确定好救助目标，明确自己的能力，然后一步一步坚持走下去，一定可以实现心中的小小的期待，加油！

最后，谢谢每一个为流浪猫的幸福持续努力的救助人和领养人们！